Peter Panzer DK 3 GK

BLITZSCHUTZ

für
Amateurfunk-Anlagen

Hinweis

Die in diesem Buch beschriebenen Schaltungen und Verfahren werden ohne Rücksicht auf die Patentlage mitgeteilt. Sie sind ausschließlich für den eigenen Gebrauch bestimmt und dürfen nicht gewerblich benutzt werden. Schaltungen und technische Angaben des Buches wurden vom Autor mit größter Sorgfalt erarbeitet. Dennoch sind Fehler nicht auszuschließen. Der Verlag sieht sich daher veranlaßt, darauf hinzuweisen, daß er keinerlei Garantie, juristische Verantwortung oder Haftung für Folgen übernehmen kann, die auf fehlerhafte oder unvollkommene Angaben des Buches zurückgehen.

ISBN 3-922238-30-0

Nibelungenstr. 14
8014 Neubiberg b. München
Tel.: (089) 601 13 56

Satz: AK Satzservice GmbH, 8912 Kaufering
Druck: Grafische Kunstanstalt Liebl & Neisius, München
Printed in West Germany

INHALTSVERZEICHNIS

Einleitung

Als ich vor wenigen Jahren einen OM in seinem bayerischen Landhaus besuchte, traf mich der Schlag! Seine sorgfältig konzipierte Antennenanlage wies zwar alle technischen Raffinessen auf, besaß jedoch keine Blitzschutzeinrichtung.

Nachdem er mir voller Stolz seine Funkstation und sein gerade fertiggestelltes und geschmackvoll eingerichtetes Domizil gezeigt hatte, erwiderte er mir auf meine verwunderte Frage, warum er weder für das Haus noch für seine Antennenanlage eine Blitzschutzeinrichtung vorgesehen habe: „Ich kenne keinen einzigen Fall in der Gegend, in dem der Blitz in ein Wohnhaus eingeschlagen hätte. Ein so geringes Risiko muß ich eben tragen — ist nicht das ganze Leben ein Risiko?"

Obwohl ich ihm nachdrücklich zuredete, sich zum Einbau einer Blitzschutzeinrichtung zu entschließen, blieben meine Bemühungen erfolglos. Ich kann nur hoffen, daß in seinem Falle der Ernstfall niemals ein-

Bild 1: Blitzeinschlag in ein Haus. Der Dachstuhl ist fast vollständig zerstört worden

treten wird. Das ist jedoch keineswegs ausgemacht. Alljährlich kann man, zumal in der Gewittersaison, der Presse Meldungen über Sachschäden in Millionenhöhe entnehmen, die durch Blitzschlag verursacht werden. Nicht selten werden auch Mensch und Tier tödlich getroffen. Etwa 10% aller Brandfälle werden durch Blitzschlag hervorgerufen.

Die Folgen des Ernstfalls veranschaulichen die nachstehenden Bilder. Bild 1 zeigt den Dachstuhl eines Hauses, das durch Blitzschlag nahezu vollständig zerstört wurde. Bild 2 zeigt die Überbleibsel eines Fernsehgerätes nach einem Blitzeinschlag, Bild 3 die Reste einer Haussprechanlage. Bild 4 schließlich veranschaulicht die Auswirkungen eines Blitzschlags für den Funkamateur: die Zerstörung des Trap eines TH 3 MK 3 Beam.

Die Beispiele sprechen für sich. Es bleibt dem einzelnen OM überlassen, welche Folgerungen er daraus zieht. Er kann sein Haus samt Funkanlage durch eine entsprechende Blitzschutzeinrichtung schützen oder seine Sicherheit dem Zufall überlassen nach dem Prinzip: „Heiliger St. Florian, verschon' mein Haus, zünd' andre an."

Bild 2: Fernsehgerät nach einem Blitzschlag

Bild 3: Überreste einer Haussprechanlage nach einem Blitzschlag

Bild 4: Zerstörung des Trap eines TH3 MK 3 Beam durch Blitzschlag

1 Blitzschutz und das Gesetz

Bevor wir uns der Technik des Blitzschutzes zuwenden, wollen wir eine allgemeine Übersicht über die einschlägigen Bestimmungen in der Bundesrepublik Deutschland geben, sie sich mit der Notwendigkeit von Blitzschutzeinrichtungen befassen.

1.1 Allgemeine Bestimmungen

a) „Allgemeine Blitzschutzbestimmungen"

Diese Bestimmungen werden vom Ausschuß für Blitzableiterbau (ABB) herausgegeben und sind zur Zeit in achter Auflage erhältlich. Sie umfassen die Maßnahmen, durch die mit wirtschaftlich tragbarem Aufwand ein dem heutigen Stand der Technik entsprechender Blitzschutz erreicht werden kann, der Personen und Sachen weitgehend gegen Schäden schützt. Für die in diesen Bestimmungen aufgeführten schutzbedürftigen baulichen Anlagen sind bestimmte Regeln der Technik zu beachten, soweit Bauordnung und Verordnungen der Länder keine Abweichungen im Einzelfall zulassen.

b) „Blitzschutzanlagen DIN 57185, VDE 0185" (VDE-Verlag)

Die als VDE-Richtlinie gekennzeichnete Norm ist von der Arbeitsgemeinschaft für Blitzschutz und Blitzableiterbau e.V. (ABB) aufgrund eines Kooperationsvertrages vom 23.8.1977 gemeinsam mit der Deutschen Elektrotechnischen Kommission im DIN und VDE erarbeitet worden und tritt künftig an die Stelle der von ABB erarbeiteten und in der Broschüre „Blitzschutz und allgemeine Blitzschutzbestimmungen" niedergelegten Richtlinien. Angaben über die Blitzschutzbedürftigkeit baulicher Anlagen sind in den neuen Richtlinien nicht enthalten.

c) **„DIN-Normen über Blitzschutzbauteile" (Beuth-Verlag)**

DIN 48 801/1.77:	„Leitungen und Schrauben für Blitzschutzanlagen, Maße, Werkstoffe und Ausführung"
DIN 48 802/2.74:	„Auffangstangen und Erdeinführungen für Blitzableiter"
DIN 48 803/8.71:	„Montagemaße für den Blitzableiterbau"
DIN 48 804/10.73:	„Deckel für Blitzableiterbauteile"
DIN 48 805/5.73:	„Stangenhalter für Blitzableiter"
DIN 48 807/2.74:	„Dachdurchführungen für Blitzableiter"
DIN 48 809/12.76:	„Klemmen für Blitzschutzanlagen"
DIN 48 809/9.50:	„Blitzableiter, Klemmen"
DIN 48 811/1.67:	„Spannkappe für Blitzableiter"
DIN 48 812/4.57:	„Blitzableiter, Holzpfahl für gespannte Leitungen auf weichgedeckten Dächern"
DIN 48 818/1.67:	„Schellen für Blitzableiter"
DIN 48 819/1.67:	„Klemmschuhe für Blitzableiter"
DIN 48 820/1.67:	„Sinnbilder für Blitzschutzbauteile in Zeichnungen"
DIN 48 826/6.74:	„Dachleitungsstützen für Blitzableiter"
DIN 48 827/4.57:	„Blitzableiter, Traufenstützungen und Spannkloben für gespannte Leitungen auf weichgedeckten Dächern"
DIN 48 828/5.74:	„Leitungsstützen für Blitzableiter"
DIN 48 829/12.76:	„Befestigungsteile auf Flachdächern für Blitzschutzanlagen"
DIN 48 830/5.79E*:	„Beschreibung einer Blitzschutzanlage"
DIN 48 831/5.79E:	„Bericht über die Prüfung einer Blitzschutzanlage"
DIN 48 832/1.80E:	„Auffangpilze für Blitzschutzanlagen"
DIN 48 837/1.67:	„Verbinder für Blitzableiter"
DIN 48 838/8.71:	„Schraubenlose Leiterstützen für Blitzableiter"
DIN 48 839/12.76:	„Trennstellenkasten und -rahmen für Blitzableiter"
DIN 48 840/12.79E:	„Anschlußklemmen an Blechen für Blitzschutzanlagen"
DIN 48 841/1.80E:	„Anschluß- und Überbrückungsbauteile für Blitzschutzanlagen"

* E = Entwurf

DIN 48 842/1.80E:	„Dehnungsstück für Blitzschutzanlagen“
DIN 48 843/1.67:	„Kreuzstücke oberirdischer Leiter für Blitzableiter“
DIN 48 845/1.67:	„Kreuzstücke für Blitzableiter, schwere Ausführung“
DIN 48 850/1.67:	„Erdeinführung für Blitzableiter“
DIN 48 852/Teil 1/ 8.71:	„Staberder für Blitzableiter einteilig“
DIN 48 852/Teil 2:	„Staberder für Blitzschutzanlagen, mehrteilig“
DIN 48 852/Teil 3:	„Staberder für Blitzschutzanlagen, Anschlußschelle“

1.2 Verordnungen der Länder

1.2.1 Allgemeines

Die Bauordnungen der Bundesländer fordern Blitzschutzanlagen für schutzbedürftige bauliche Anlagen, wie sie in den ABB-Bestimmungen vorgesehen sind: „Blitzschutz ist erforderlich für bauliche Anlagen, bei denen Blitzschlag leicht eintreten oder zu schweren Folgen führen kann.“ Eine wesentliche Abweichung von dieser Bestimmung weisen die Bauordnungen von Nordrhein-Westfalen und Schleswig-Holstein auf, in denen es heißt: „... wenn Blitzschlag leicht eintreten und zu schweren Folgen führen kann.“ In Hessen wird Blitzschutz allein für blitzgefährdete Bauwerke gefordert, während sich die Länder Bayern und Hamburg allein auf die schweren Folgen eines Blitzschlages beschränken.

1.2.2 Berlin

In Berlin gilt die BauO Bln vom 13.02.1971 (Gesetz- und Verordnungsblatt für Berlin 1971, S. 456). § 19 Abs. 2 der BauO Bln verlangt, daß bauliche Anlagen, bei denen nach Lage, Bauart oder Nutzung ein Blitzschlag leicht eintreten oder zu schweren Folgen führen kann, mit dauernd wirksamen Blitzschutzanlagen zu versehen sind. Die schutzbedürftigen baulichen Anlagen sind in § 5 Abs. 1 der Verordnung zur Durchführung der Bauordnung Berlin (Baudurchführungsordnung (BauDVO)) vom 14.12.1966 (GVBl, S. 1773) näher bestimmt. Hierunter fallen aufgrund von § 72 Abs. 3 BauO Bln auch bauliche Anlagen, die ihre Umgebung wesentlich überragen. Das Errichten, Ändern oder Beseitigen von Blitzableitern ist nach § 80 Abs 1. Nr. 6 BauO Bln anzeigepflichtig.

1.2.3 Baden-Württemberg

Die einschlägigen Bestimmungen für Baden-Württemberg enthält die LBO vom 20.06.1972 (Gesetzblatt für Baden-Württemberg, S. 352). Nach § 22 Abs. 3 LBO sind „bauliche Anlagen, die besonders blitzgefährdet sind oder bei denen Blitzschlag zu schweren Folgen führen kann, mit dauernd wirksamen Blitzschutzanlagen zu versehen". Nähere Bestimmungen zu § 22 Abs. 3 LBO enthalten die Erlasse des Innenministeriums über Blitzschutzanlagen vom 07.04.1965 Nr. V 5470/17 (GABl, S. 201). Das Errichten von Blitzschutzanlagen bedarf weder einer Baugenehmigung noch einer Anzeige (§ 89 Abs. 1 Ziff. 7 LBO).

1.2.4 Bayern

In Bayern gilt die BayBO vom 01.10.1974 (Gesetz- und Verordnungsblatt 1974, S. 513ff.). Art. 49 BayBO bestimmt, daß bauliche Anlagen, bei denen nach Lage, Bauart oder Nutzung ein Blitzschlag zu besonders schweren Folgen führen kann, mit dauernd wirksamen Blitzableitern zu versehen sind.

1.2.5 Bremen

Die Bremische Landesbauordnung vom 21.09.1971 (Gesetzblatt der Freien Hansestadt Bremen Nr. 31 vom 08.10.1971, S. 207ff.) bestimmt, daß bauliche Anlagen, bei denen nach Lage, Höhe, Bauart oder Nutzung ein Blitzschlag leicht eintreten oder zu schweren Folgen führen kann, mit dauernd wirksamen Blitzschutzanlagen zu versehen sind (§ 54). Die Errichtung, Herstellung oder Änderung von Blitzableitern ist genehmigungsfrei (§ 87). Als bauliche Anlagen, bei denen nach Lage, Bauart oder Nutzung ein Blitzschlag leicht eintreten oder zu schweren Folgen führen kann, gelten insbesondere bauliche Anlagen, welche die Umgebung wesentlich überragen, sowie bauliche Anlagen, die besonders brandgefährdet sind, z.B. Gebäude mit weicher Bedachung (§ 24).

1.2.6 Hamburg

In Hamburg gilt die HBauO vom 10.12.1969 (Hamburgische Gesetz- und Verordnungsblatt Nr. 50 vom 22.12.1969, S. 249ff. und 1970, S. 52ff.). Sie bestimmt, daß bauliche Anlagen, bei denen nach Lage,

Bauart oder Nutzung ein Blitzschlag zu schweren Folgen führen kann, mit dauernd wirksamen Blitzschutzanlagen zu versehen sind (§ 50). Die allgemein anerkannten Regeln der Baukunst sind zu beachten. Zu diesen Regeln zählen die Blitzschutzbestimmungen des ABB (§3, Abs. 2, Satz 1). Schutzbedürftige Anlagen werden in § 4 der Verordnung zur Durchführung der Hamburgischen Bauordnung (Baudurchführungsordnung (BauDVO)) vom 29. September 1970 (Hamburgisches Gesetz- und Verordnungsblatt, S. 251) festgelegt. Als bauliche Anlagen, bei denen nach Lage, Bauart oder Nutzung ein Blitzschlag zu schweren Folgen führen kann, gelten insbesondere bauliche Anlagen, die besonders brandgefährdet sind (z.B. Gebäude mit weicher Bedachung), sowie bauliche Anlagen, welche ihre Umgebung wesentlich überragen. Die Nutzungsberechtigten der baulichen Anlagen haben die Blitzschutzanlagen allgemein in Zeitabständen von fünf Jahren, bei den in BauDVO § 4 beschriebenen Anlagen in Zeitabständen von drei Jahren möglichst zu verschiedenen Jahreszeiten durch Sachkundige überprüfen zu lassen. Der einwandfreie Zustand der Blitzschutzanlage ist vom sachkundigen Prüfer schriftlich zu bescheinigen.

1.2.7 Hessen

In Hessen ist die HBO vom 31.08.1976 (GVBl 1976 I, S. 339) in Kraft. Sie bestimmt, daß bauliche Anlagen, bei denen nach Lage, Bauart oder Nutzung ein Blitzschlag leicht eintreten oder zu schweren Folgen führen kann, mit dauernd wirksamen Blitzschutzanlagen zu versehen sind (§ 19, Abs. 2). Nach § 3, Abs. 1 DVO HBO sind Blitzschutzanlagen bei Bauwerken einzurichten, die die umgebende Bebauung wesentlich überragen. In der Regel sind Blitzschutzanlagen bei Bauwerken von mehr als 20 m Höhe sowie bei Bauwerken mit weicher Bedachung erforderlich. Abs. 2 des Paragraphen bestimmt, daß Blitzschutzanlagen nach jeweils höchstens 3 Jahren auf ihre Wirksamkeit zu überprüfen sind. Das Anbringen oder Entfernen von Blitzschutzanlagen ist nicht anzeigepflichtig.

1.2.8 Niedersachsen

Die Niedersächsische Bauordnung vom 23.07.1973 (Niedersächsisches Gesetz- und Verordnungsblatt Nr. 28 vom 27.07.1973, S. 259) bestimmt, daß bauliche Anlagen, bei denen nach Lage, Bauart oder Benutzung ein Blitzschlag leicht eintreten oder zu schweren Folgen führen kann, mit dauernd wirksamen Blitzschutzanlagen versehen sein müssen (§ 20 Abs. 3). Im Einzelfall können an den Blitzschutz besondere Anforderungen gestellt werden (§ 51). Blitzschutzanlagen sind genehmigungsfrei (§ 69).

1.2.9 Nordrhein-Westfalen

In Nordrhein-Westfalen gilt die BauO NW vom 27.01.1970 (Gesetz- und Verordnungsblatt für das Land Nordrhein-Westfalen Nr. 16 vom 26.02. 1970, S. 96), geändert durch Gesetz vom 15.07.1976 (GVNW, S. 264). Bauliche Anlagen, bei denen nach Lage, Bauart oder Nutzung ein Blitzschlag leicht eintreten und zu schweren Folgen führen kann, sind mit dauernd wirksamen Blitzschutzanlagen zu versehen (§ 18).

1.2.10 Rheinland-Pfalz

Auch die Landesbauordnung für Rheinland-Pfalz vom 27.02.1974 (Gesetz- und Verordnungsblatt für das Land Rheinland-Pfalz Nr. 5 vom 06.05.1974, S. 53ff.) bestimmt, daß bauliche Anlagen, die nach Lage, Bauart oder Benutzung blitzgefährdet sind, oder bei denen ein Blitzschlag zu schweren Folgen führen kann, mit Blitzschutzanlagen zu versehen sind (§ 57). Die Errichtung, Änderung oder Entfernung von Blitzableitern ist anzeigepflichtig (§ 92). Ausgenommen ist die Errichtung, Änderung oder Entfernung von Blitzableitern an Wohngebäuden bis zu fünf Vollgeschossen (§ 93).

1.2.11 Saarland

Im Saarland gilt die LBO vom 12.05.1965 in der Neufassung vom 27.12.1974 (Amtsblatt des Saarlandes Nr. 1975, S. 85 vom 27.12.1974). Sie bestimmt, daß bauliche Anlagen, bei denen nach Lage, Bauart oder Nutzung ein Blitzschlag leicht eintreten oder zu schweren Folgen führen kann, mit dauernd wirksamen Blitzschutzanlagen zu versehen sind (§ 52). Die Errichtung oder Änderung von Blitzschutzanlagen ist genehmigungs- und anzeigefrei (§ 89).

1.2.12 Schleswig-Holstein

Endlich bestimmt die schleswig-holsteinische LBO vom 20.06.1975 (Gesetz- und Verordnungsblatt für Schleswig-Holstein 1975, S. 142 ff.), daß bauliche Anlagen, bei denen nach Lage, Bauart oder Nutzung ein Blitzschlag leicht eintreten und zu schweren Folgen führen kann, mit dauernd wirksamen Blitzschutzanlagen zu versehen sind (§ 19, Abs. 2).

1.3 VDE-Bestimmungen

Die VDE-Bestimmungen enthalten zahlreiche Hinweise auf den Zusammenhang von elektrischen Anlagen und Blitzschutzanlagen sowie auf die Einbeziehung von Blitzschutzanlagen in den Potentialausgleich. Außerdem behandeln sie den Überspannungsschutz von Starkstromanlagen.

1.3.1 VDE 0100/4.74: „Bestimmungen für das Errichten von Starkstromanlagen bis 1000 V“

In Bauwerken mit Blitzschutzanlagen müssen elektrische Anlagen in ausreichender Entfernung von der Blitzschutzanlage verlegt oder an Näherungsstellen durch Überspannungseinrichtungen mit der Blitzschutzanlage verbunden werden. Wenn ein Potentialausgleich nach VDE 0190 durchgeführt ist, gilt 0,5 m als ausreichende Entfernung (§ 18a, 2). Erdungen von Blitzschutzanlagen und Überspannungsableitern dürfen mit Erdungen von Starkstromanlagen metallisch verbunden werden. Ausgenommen sind FU-Schutzschaltungen (§ 18c).

1.3.2 VDE 0190/5.73: „Bestimmungen für das Einbeziehen von Rohrleitungen in Schutzmaßnahmen von Starkstromanlagen bis 1000 V“

Die seit dem 1.10.1970 für Neuanlagen und Erweiterung gültigen Bestimmungen verpflichten den Elektroinstallateur, einen Potentialausgleich zwischen dem Schutzleiter der Starkstromanlage und den Wasser-, Gas- und Heizungsrohren herzustellen. An die Potentialausgleichsschiene werden überdies

- die Antennenanlage
- die Blitzschutzanlage

- der Fundamenterder
- die Fernmeldeanlage
- das Abwasserrohr (falls metallisch) usw.

angeschlossen. Eine generelle Überbrückung von Wasserzählern ist nicht vorgesehen. Überbrückungen sind jedoch durchzuführen, wenn das Wasserrohrnetz als Schutzleiter dient (§ 3h) oder wenn eine besondere Vereinbarung zwischen dem Energieversorgungsunternehmen und dem Wasserversorgungsunternehmen in dieser Hinsicht besteht (§ 7).

1.3.3 VDE 0675, Teil 1/5.72: „Richtlinien für Überspannungsschutzgeräte"

Teil 1 der Richtlinien („Ventilableiter für Wechselspannungsnetze") faßt die Anforderungen und Prüfungen für Ventilableiter (Reihenschaltung aus Funkenstrecke und spannungsabhängigem Widerstand) zusammen. Teil 2/8.75 („Anwendung von Ventilableitern") definiert die im ABB mehrfach genannten Überspannungsableiter als Ventilableiter nach VDE 0675.

Trennfunkenstrecken nach ABB sind in VDE 0675 nicht behandelt. Einige Angaben über Funkenstrecken enthält VDE 0845.

1.3.4 VDE 0855, Teil 1/7.71: „Bestimmungen für Antennenanlagen. Teil 1: Errichtung und Betrieb"

Außerhalb von Bauwerken angebrachte leitfähige Teile von Antennenanlagen müssen über eine Erdungsleitung mit einem Erder verbunden werden (§ 7a). Als Erder dürfen verwendet werden:

- Fundamenterder
- leitfähig verbundene metallene Rohrnetze im Erdreich
- Blitzschutzerder
- Stahlskelette
- eigene Erder, z.B. strahlenförmige Banderder mit einem Halbmesser von etwa 5 m oder gleichwertige Staberder aus verzinktem Stahl (§ 8a). Nach VDE 0185 ist ein Strahl von etwa 5 m Länge gemeint. Ein gleichwertiger Staberder hat eine Tiefe von etwa 2,5 m.

Als Erdungsleitung sind u.a. Kupferleiter von mindestens 10 mm^2 Querschnitt (z.B. NYY), Aluminiumleiter von 16 mm^2 Querschnitt (z.B. NAYY) oder andere im ABB angegebene Leitungen zulässig (§ 8b).

1.4 Sachlicher Geltungsbereich der Länderbauordnungen sowie der VDE-Richtlinien

Soweit die Bauordnungen der Länder Blitzschutzanlagen nicht zwingend vorschreiben, können die Bauaufsichtsbehörden Blitzschutzanlagen nach eigenem Ermessen fordern.

Sofern die Bauaufsichtsbehörden keinen Blitzschutz fordern, ist die Entscheidung über die Anbringung einer Blitzschutzanlage dem Besitzer oder Betreiber der baulichen Anlage überlassen.

In den VDE-Bestimmungen bzw. -Richtlinien sind keine Angaben über die Blitzschutzbedürftigkeit baulicher Anlagen enthalten. Welche baulichen Anlagen Blitzschutz erfordern, richtet sich nach den entsprechenden Verfügungen der zuständigen Aufsichtsbehörden, nach den Unfallverhütungsvorschriften der Berufsgenossenschaften und den Bedingungen der Sachversicherer.

2 Physikalische Grundlagen

Blitze sind stoßartige, von Licht- und Schallerscheinungen begleitete Ausgleichsvorgänge von Potentialdifferenzen innerhalb der Atmosphäre oder zwischen Atmosphäre und Erde bzw. Erde und Atmosphäre. Die Potentialdifferenzen werden durch die Anhäufung von Raumladungen in verschiedenen Schichten von Gewitterwolken aufgebaut.

2.1 Gewitterwolken: Entstehung von Gewittern

Die Gesetzmäßigkeiten der Entstehung von Gewitterwolken sind bis heute erst teilweise erforscht. Eine starke vertikale Luftströmung mit hohem Feuchtigkeitsgehalt ist die Voraussetzung für die Anhäufung von Ladungen innerhalb einer Gewitterwolke (vgl. Bild 5). Eine solche

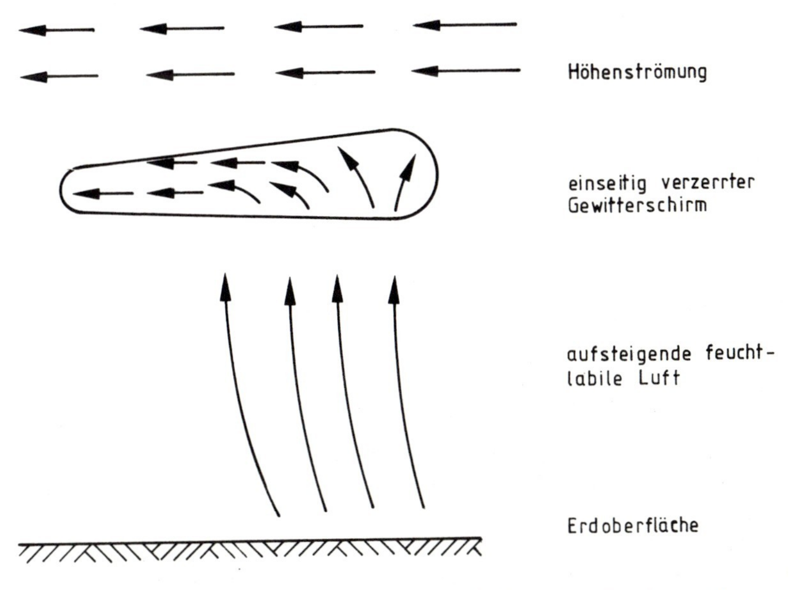

Bild 5: Schematische Darstellung der Entwicklung eines Gewitterschirms

vertikale Strömung entsteht z.B. an heißen Sommertagen, wenn die bodennahen Luftschichten durch die Sonneneinstrahlung stark erwärmt werden. Die erwärmte bodennahe Luftschicht ist spezifisch leichter als die über ihr lagernden Luftschichten und steigt daher auf. Dadurch wird die atmosphärische Schichtung verändert und es entstehen Turbulenzen, die zur Bildung von Aufwindschläuchen führen. Aufwindgebiete sind daran zu erkennen, daß ihre obersten Schichten als Haufenwolken (Kumuluswolken) erscheinen. Eine vertikale Luftströmung kann auch entstehen, wenn sich kühlere Luftmassen unter wärmere Luftschichten schieben. Mit ansteigender Temperatur setzt eine zunehmende Verdunstung ein, und der Feuchtigkeitsgehalt der Luft steigt auf das erforderliche Maß.

Steigt feuchte, bodennahe Luft auf, so kühlt sie sich ab und nimmt in einer bestimmten Höhe eine Temperatur an, bei der sie gerade mit Wasserdampf gesättigt ist. Ein weiteres Aufsteigen führt zur Wolkenbildung. Dabei wird Kondensationswärme frei, die die weitere Abkühlung der aufsteigenden Luft verlangsamt. Die aufsteigende Luft wird durch die Wärmezufuhr spezifisch leichter als ihre Umgebung und erhält dadurch erneut Auftrieb. Dieser als feuchtlabil bezeichnete Zustand nimmt mit zunehmender Höhe bei geringerem Wasserdampfgehalt der Luft ab. Bei hohem Wasserdampfgehalt der Luft entstehen mächtig aufgetürmte Quellwolken, welche die Gewitterbildung einleiten.

In einer Höhe von ca. 6 bis 8 km bildet sich ein Gewitterschirm (vgl. Bild 5), der dem feuchtlabilen Aufsteigen der Luftmassen ein Ende setzt. Sobald die feuchtlabil aufsteigende Luft in einer Höhe von etwa 5 km die 0°C-Grenze erreicht hat, beginnen die Wassertröpfchen in der Wolke zu gefrieren. Die Eisbildung in der Wolke — erkenntlich am Übergang der ursprünglich scharfen oberen Wolkenränder in unscharfe, verschleierte Wolkenränder — ist für die Ladungsbildung wie für die Entstehung von Niederschlägen in Form von Regen, Graupeln oder Hagel verantwortlich. Es bilden sich einzelne Gewitterzellen von mehreren Kilometern Durchmesser, die drei charakteristische Stadien durchlaufen:

- Entwicklungsstadium
- Reifestadium
- Altersstadium

Im Entwicklungsstadium besteht die Gewitterzelle aus einer oder mehreren quellenden Kumuluswolken. Es herrscht eine vertikale Strömung, die jedoch nicht gleichmäßig über die Zelle verteilt ist, sondern sowohl von unten nach oben, als auch vom Rand zur Mitte hin zunimmt (vgl. Bild 6). Diese Entwicklung dauert etwa 20—30 Minuten. Die Bildung von Niederschlagsteilchen ist in dieser Zeit gering.

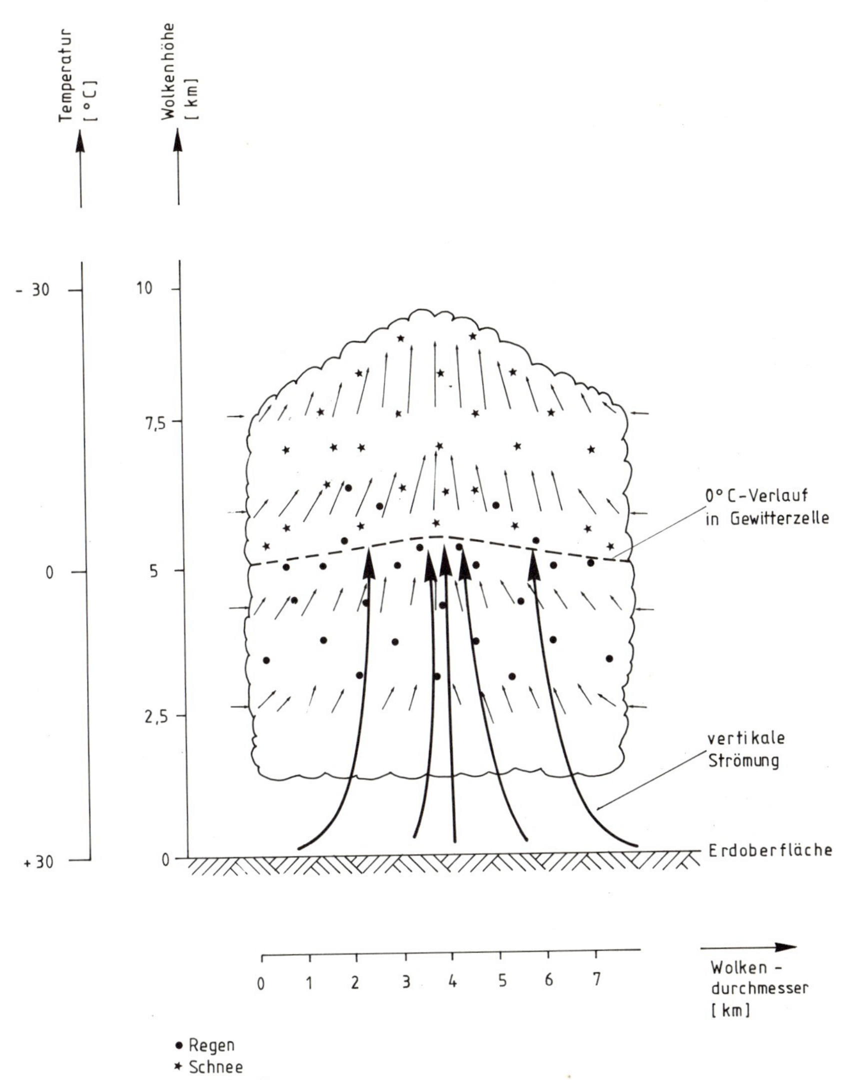

Bild 6: Gewitterzelle im Entwicklungsstadium

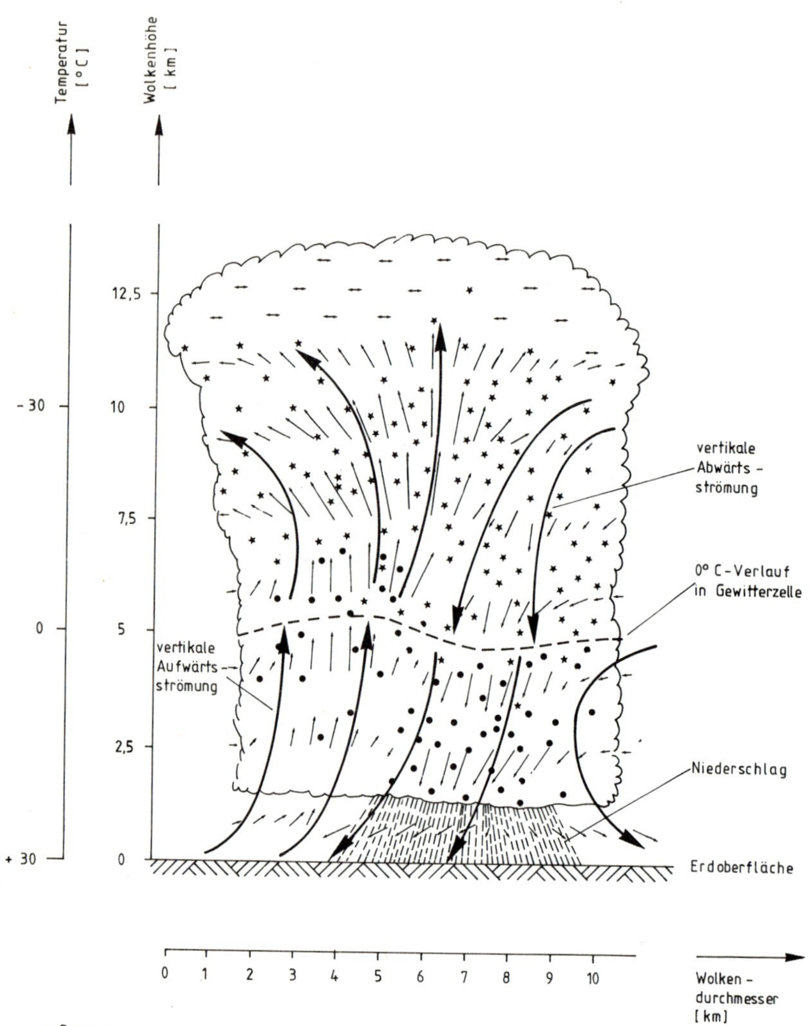

Bild 7: Gewitterzelle im Reifestadium

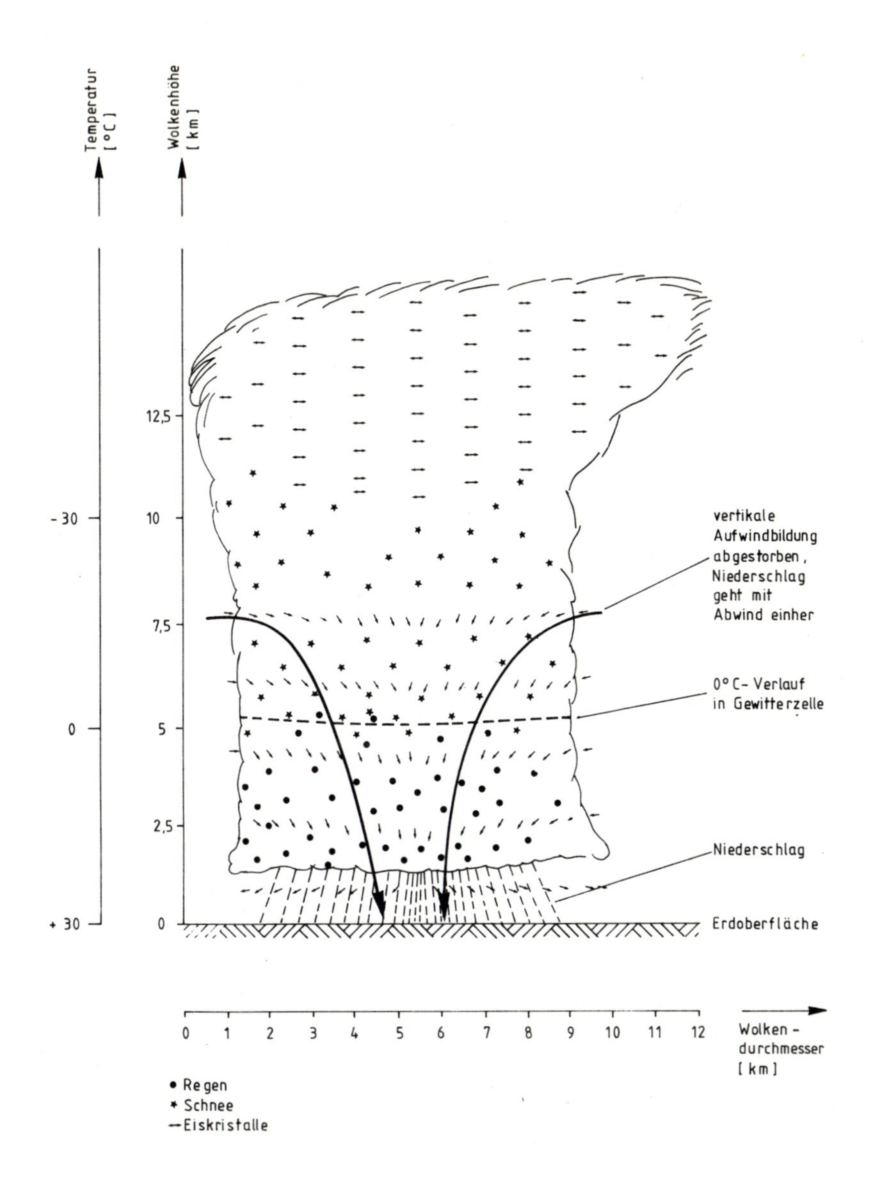

Bild 8: Gewitterzelle im Altersstadium

Das Erreichen des Reifestadiums der Zelle wird durch die Niederschlagsbildung bestimmt. Feuchtlabile Luft läßt die Zelle weiter wachsen, scheidet fortwährend durch Kondensation Wasserdampf ab und begünstigt so die Niederschlagsbildung. Die vorherrschende vertikale Strömung trägt die Niederschlagsteilchen. Mit zunehmender Größe und Menge der Niederschlagsteilchen beginnen diese, der vertikalen Strömung entgegen zu fallen. Dadurch wird eine Änderung der Temperaturverteilung und der Luftströmung eingeleitet. Die Änderung der Luftströmung beginnt an der 0°C-Grenze und breitet sich vertikal abwärts und in seitlicher Richtung aus (vgl. Bild 7). Die Niederschlagsteilchen verlassen den Wolkenbereich und fallen als starker Niederschlag zur Erde.

Bild 9: Beispiel einer Gewitterwolke mit Gewitterschirm

In der Gewitterzelle findet durch die vertikale Abwärtsströmung ein Kaltluftaustausch statt. Durch die seitliche Ausbreitung entstehen in Bodennähe starke Gewittersturmböen.

Der Niederschlag aus der Zelle und die Umwandlung des vertikalen Aufwindes in einen Fallwind bewirkt, daß die Energiezufuhr in die Zelle langsam aufhört und die Zelle allmählich abstirbt. Das Reifestadium der Gewitterzelle erstreckt sich über etwa 30—45 Minuten.

Im Altersstadium der Zelle ist die vertikale Aufwindbildung beendet, und die in der Zelle noch vorhandene Niederschlagsmenge fällt allmählich zur Erde (Bild 8).

Dadurch, daß in der Umgebung älterer absterbender Gewitterzellen neue Zellen entstehen, kann ein Gewitter größere Landstriche überqueren. Der aus einer absterbenden Gewitterzelle ausströmende Fallwind kann den Anstoß zur Bildung neuer Aufwindschläuche in der Nachbarschaft geben. Der Aufbau neuer Zellen geschieht in der Zugrichtung des Gewitters.

Gewitter treten in Abhängigkeit von der geographischen Lage, der Jahres- und der Tageszeit mit unterschiedlicher statistischer Häufigkeit auf. Aus meteorologischen Karten ist die geographische Verteilung der mittleren Anzahl der jährlichen Gewittertage ersichtlich. Die Anzahl der Gewittertage pro Jahr beträgt in Mitteleuropa zwischen 10 und 30. Die Kurve der Gewitterhäufigkeiten in Mitteleuropa in Bezug auf die Tages- und Jahreszeit zeigt Bild 10. Daraus ist ersichtlich, daß die Gewitter am

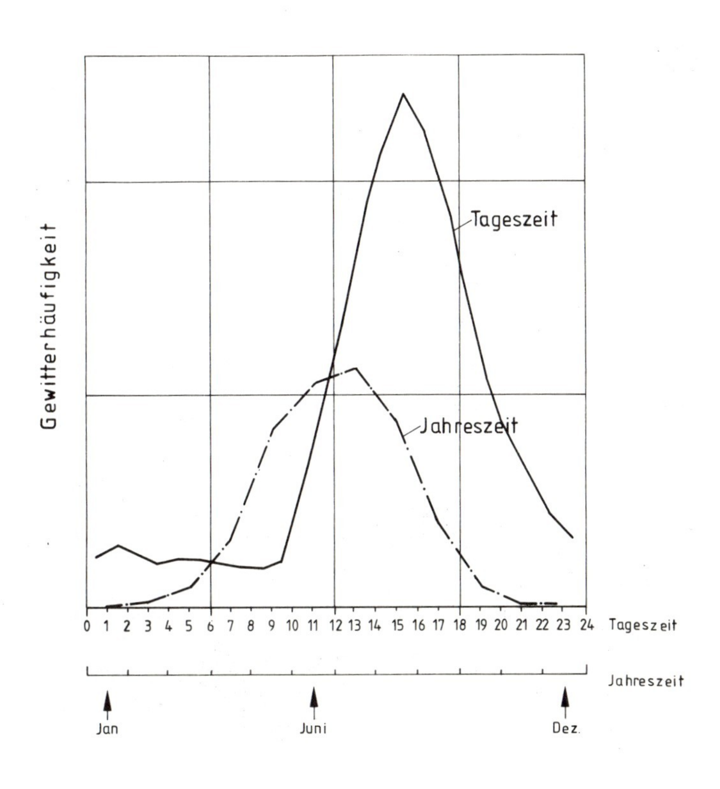

Bild 10: Gewitterhäufigkeit in Mitteleuropa

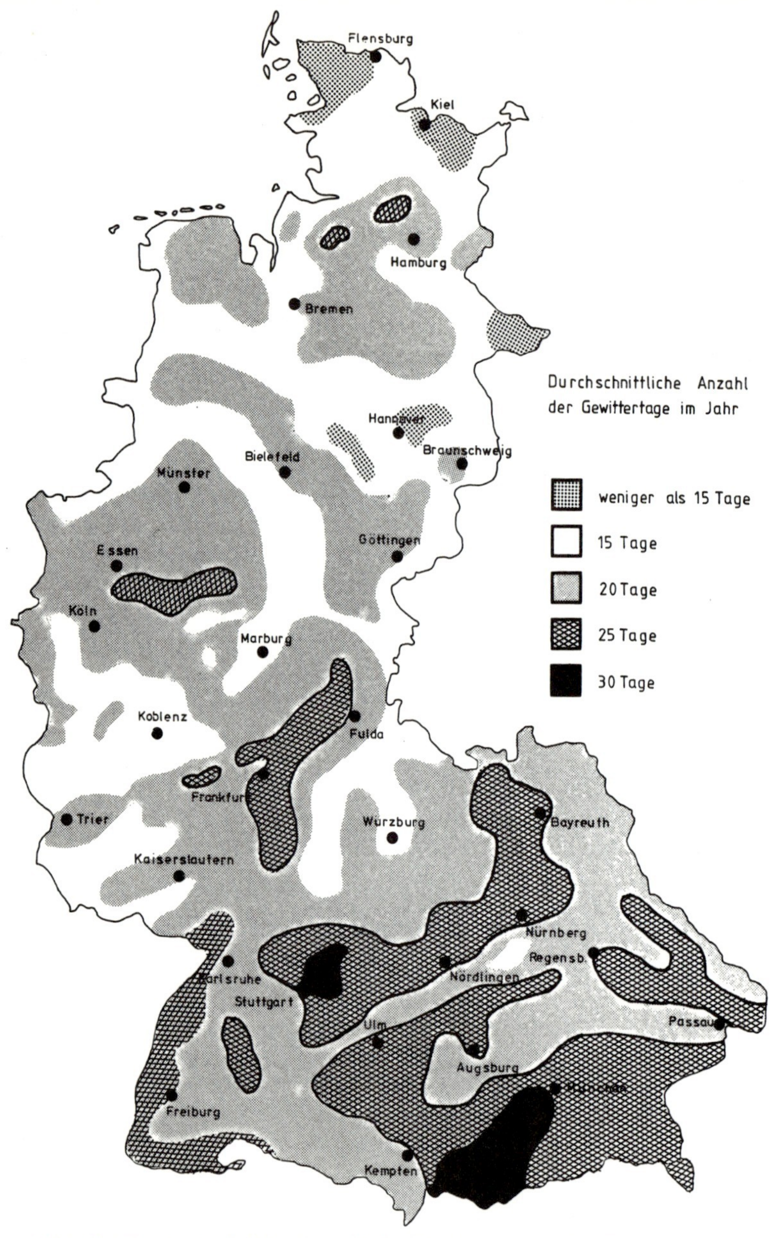

Bild 11: Durchschnittliche Anzahl der Gewittertage in der Bundesrepublik Deutschland

häufigsten im Juli zwischen 15 und 16 Uhr auftreten. Im Binnenland besteht die größte Wahrscheinlichkeit für das Auftreten von Gewittern in den Nachmittagsstunden des Hochsommers. Im Küstengebiet und über See ist die Wahrscheinlichkeit der Gewitterbildung in den Nächten des Spätherbstes und des Winters am größten.

Die Zugrichtung der Gewitter erstreckt sich in unseren Breiten von Südwest nach Nordost, von West nach Ost oder von Nordwest nach Südost. Die Zuggeschwindigkeit eines Gewitters liegt bei ca. 40 km/h und nimmt von der Küste zum Gebirge hin ab. Die durchschnittliche Gewitterdauer liegt in unseren Breiten bei etwa einer Stunde.

Bild 11 zeigt übrigens die durchschnittliche Anzahl der Gewittertage in der Bundesrepublik Deutschland.

2.2 Gewitterelektrizität und ihre Entstehung

Ein Gewitter kann als ein enormer elektrostatischer Generator angesehen werden, der in der Atmosphäre große Ladungstrennungen bewirkt. Seine Energie erhält er von der Sonne, deren Wärmestrahlung die Verdunstung und Aufheizung der bodennahen Luftschichten bewirkt. Das Arbeitsmedium des Generators ist der Niederschlag, den Antrieb liefern die Schwerkraft und die Druckunterschiede in der Atmosphäre.

Eine Gewitterzelle ist hoch und schlank und erstreckt sich über eine Höhe von 1,5 bis 10 km. Im Endstadium wächst sie mit einer Geschwindigkeit von einigen Metern pro Sekunde in die Höhe. Die vertikale Strömung führt im Kern der Zelle mit einer Windgeschwindigkeit von mehr als 20 m/s senkrecht nach oben. Bereits beim Hochwachsen der Wolke wird Ladung erzeugt und getrennt. Durch welche physikalischen Vorgänge aber die Trennung von positiven und negativen Ladungen zustande kommt, ist bislang ungeklärt. Die Ladungsverteilung in einer Gewitterwolke veranschaulicht Bild 12.

Zwischen der Elektrizitätsentwicklung im Gewitter und der Niederschlagsbewegung innerhalb der Wolken besteht eine enge Beziehung. Voraussetzung für die Bildung rasch fallender Niederschlagsteilchen ist das Einsetzen der Eisphase. Die Elektrisierung in großem Maßstab setzt nach dem Beginn der Vereisung im Quellkumulus ein. Mit dem Beginn der Vereisungsphase treten innerhalb der Wolken schwache Blitzentladungen auf. Funkempfangsstörungen in Gestalt von Knack- und Prasselgeräuschen zeigen den Beginn der Vereisungsphase an.

2.3 Das luftelektrische Feld

Vereinfacht betrachtet enthält eine Gewitterwolke zwei Gebiete mit entgegengesetzten Ladungen. Dabei befinden sich die positiven Ladungen im oberen Teil der Wolke. Zwischen beiden Ladungsgebieten besteht ein elektrisches Feld, dessen Feldlinien zwischen den Wolken und der Erdoberfläche in der Atmosphäre verlaufen. Erreicht die Feldstärke an einer Stelle dieses Feldes den Grenzwert für eine Stoßionisierung, so tritt eine Entladung der Gewitterwolke in Gestalt eines Blitzes ein. Ein Teil der Entladungen von Gewitterwolken durch Blitze erfolgt auf die Erdoberfläche.

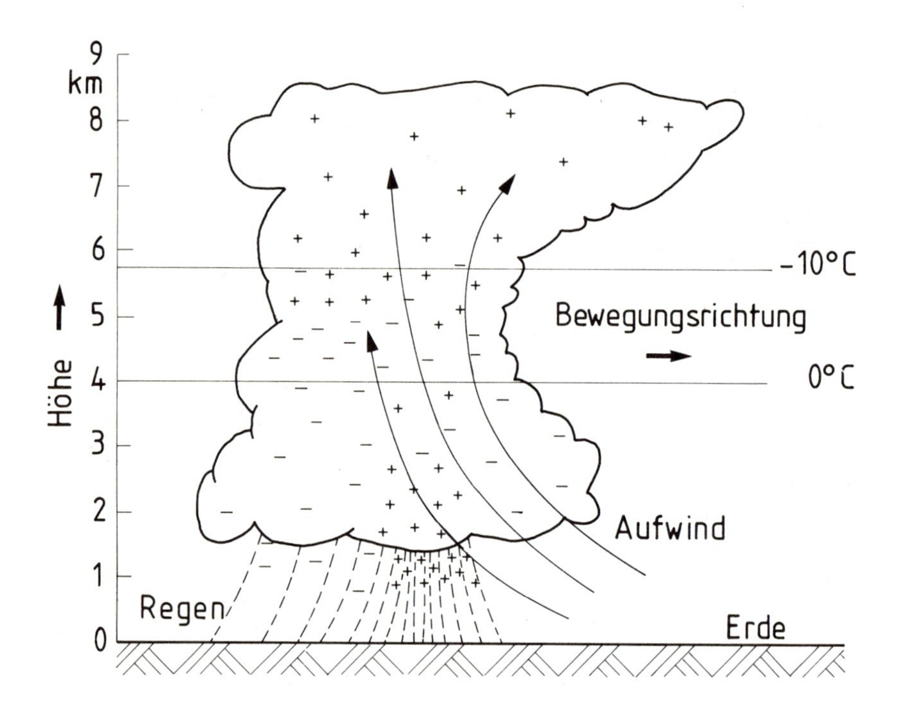

Bild 12: Ladungsverteilung in einer Gewitterwolke

Die Erdoberfläche ist ständig von einer positiven Ladung umgeben. Es herrscht daher in der Atmosphäre fortwährend eine elektrische Feldstärke. Bei schönem Wetter liegt die elektrische Feldstärke am Erdboden bei 1 V/cm, in 10 km Höhe bei 0,02 V/cm und in Wolken ohne Niederschlag bei 10 V/cm. Bei einer Blitzentladung werden in der Nähe der Einschlagstelle Feldstärken von 4 kV/cm gemessen. Die starke Erhöhung der Feldstärke nimmt mit der Entfernung vom Einschlagsort rasch ab.

Bei Blitzentladungen kommt es zu schnellen Feldänderungen gegenüber dem allgemeinen Feldverlauf. Die Änderung im Raumladungsaufbau der Gewitterzelle, die durch die Blitzentladung hervorgerufen wird, führt zu regelrechten Feldsprüngen. Ein solcher Feldsprung beinhaltet einen hochfrequenten und einen statischen Teil. Der hochfrequente Teil — bei der Entwicklung des Blitzes entstehen Schwingungen der Größenordnung von 10^6 bis 10^7 Hz — wird von Funkempfängern als „Gewitterstörung“ (QRN) wahrgenommen. Dieser Anteil stört den Funkverkehr über weite Gebiete beträchtlich, da er nur linear abnimmt. Der statische Teil — der Blitzschlag stellt eine unipolare Stoßentladung, d.h. einen kurzen Gleichstromstoß dar — klingt mit der Entfernung schnell ab (proportional $1/r^2$).

2.4 Erscheinungsformen des Gewitters

Blitze können zwischen Wolke und Erdoberfläche, zwischen Erdoberfläche und Wolke sowie zwischen Wolke und Wolke überspringen. Nach ihrer Ausbreitungsrichtung werden sie als Abwärts- oder Erdblitze (Wolken-Erde-Blitze), Aufwärtsblitze (Erde-Wolken-Blitz) oder Wolkenblitze (Wolke-Wolke-Blitz) bezeichnet. Je nach der Höhe der Gewitterwolke nehmen sie Längen von bis zu mehreren Kilometern an.

Wenngleich die Ausbreitung eines Blitzes ein einziger Vorgang zu sein scheint, besteht sie in Wirklichkeit aus drei getrennten Phasen (Bild 13). Die Vorentladung baut den Leitpfad des Blitzes bis in die Nähe der Erdoberfläche auf. Die Gegenentladung kommt ihr auf dem verbliebenen Rest der Strecke entgegen. In der Phase der Hauptentladung kommt es zum eigentlichen Ladungsausgleich. Der Entladungsstrom benutzt dabei den von der Vor- und Gegenentladung geschaffenen Leitpfad als Stromkanal.

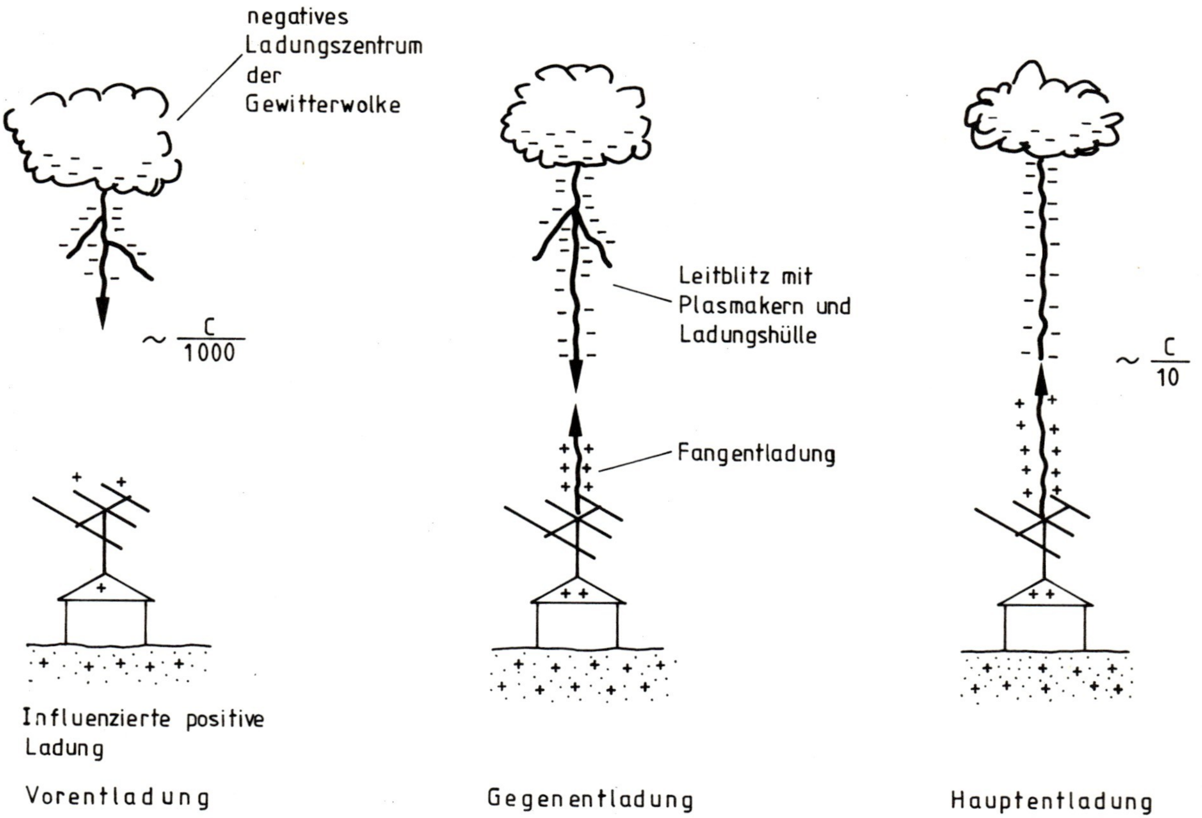

negatives
Ladungszentrum
der
Gewitterwolke

$\sim \frac{C}{1000}$

Leitblitz mit
Plasmakern und
Ladungshülle

Fangentladung

$\sim \frac{C}{10}$

Influenzierte positive
Ladung

Vorentladung

Gegenentladung

Hauptentladung

Bild 13: Entladungsphasen eines Wolken-Erde-Blitzes

2.4.1 Wolken-Erde-Blitz

Blitze zur Erdoberfläche sind überwiegend negative Wolken-Erde-Blitze. Dieser Blitztyp ist an den zur Erde gerichteten Verästelungen erkennbar (vgl. Bild 14). Aus der Gewitterwolke schiebt sich ein mit negativer Wolkenladung gefüllter Ladungsschlauch ruckweise in Richtung Erde vor. Dieser Leitblitz hat eine Vorwachsgeschwindigkeit zur Erde von 300 km/s. Nähert sich der Leitblitz der Erde, so erhöht sich hier die elektrische Feldstärke so stark, daß die Festigkeit der Luft als Isoliermedium überschritten wird und von der Erdoberfläche aus eine dem Leitblitz ähnliche, einige zehn Meter lange Gegenentladung (Fangentladung) entgegenwächst, die sich mit dem Leitblitzkopf vereinigt.

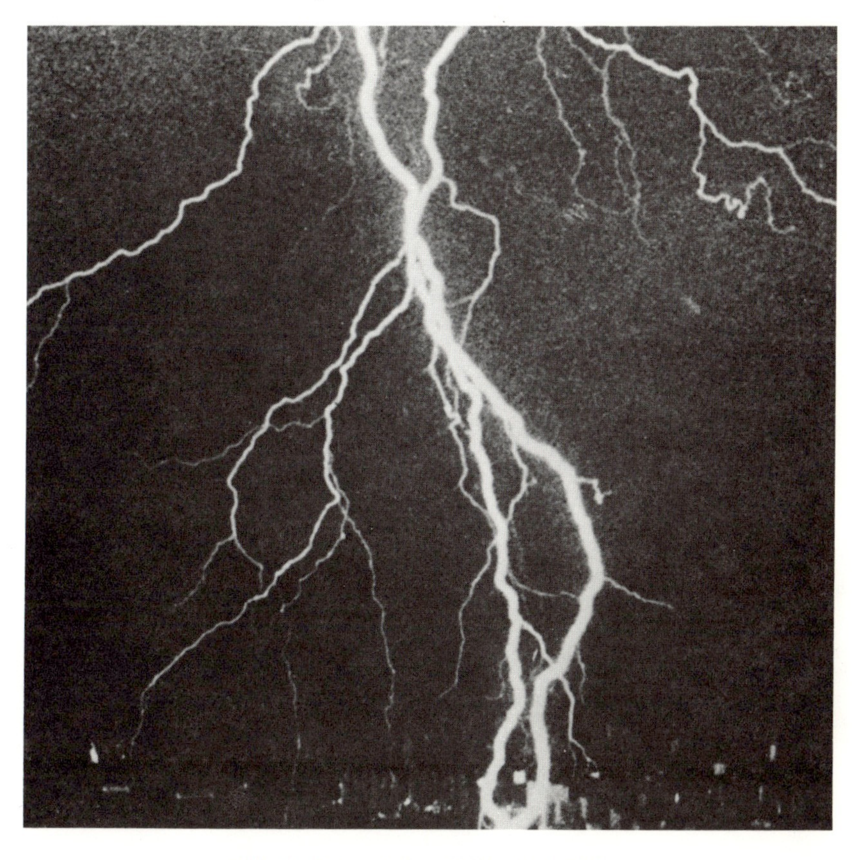

Bild 14: Beispiel eines Wolke-Erde-Blitzes

Positive Wolken-Erde-Blitze sind selten zu beobachten. Der Verlauf des Stoßstromes eines positiven Blitzes gleicht dem des negativen Wolken-Erde-Blitzes, doch dauert der positive Stoßstrom zehnmal länger und transportiert eine wesentlich größere Ladung als ein negativer Stoßstrom. Positive Wolken-Erde-Blitze entladen sich in einem einzigen Entladungsvorgang.

2.4.2 Erde-Wolken-Blitz

Bei einem Erde-Wolken-Blitz schiebt ein von exponierten Objekten (etwa einem Antennenturm) ausgehender Leitblitz einen Ladungsschlauch

Bild 15: Beispiel eines Erde-Wolke-Blitzes

in Richtung der Gewitterwolke vor. Aus dem exponierten Objekt fließt dann für einige Zehntel einer Sekunde ein Strom in der Größenordnung von einigen hundert Ampere, der den Ladungsausgleich bewirkt (vgl. Bild 15). Vielfach ist zu beobachten, daß auf einen Erde-Wolke-Blitz in dem geschaffenen leitfähigen Kanal unmittelbar ein Wolken-Erde-Blitz mit den charakteristischen Stoßkomponenten folgt.

2.4.3 Wolke-Wolke-Blitz

Eine Blitzentladung wird in einer Gewitterwolke ausgelöst, wenn die Ladungsanhäufung in der Wolke eine kritische Größe erreicht hat. Bei einem Wolke-Wolke-Blitz wird ein Ausgleich zwischen positiven und negativen Wolkenladungszentren herbeigeführt (vgl. Bild 16).

Bild 16: Beispiel eines Wolke-Wolke-Blitzes

2.5 Physikalische Merkmale der Blitze

Der Strom der Hauptentladung eines Blitzes kann bis zu 200000 A betragen. Die Spannung zwischen der Gewitterwolke und der Erdoberfläche hängt von deren Abstand ab und bewegt sich in Größenordnungen bis zu einigen 100 MV. Während der Entladung bündeln elektromagnetische Kräfte den Leitpfad des Stromes zu einem engen Kanal. Der Durchmesser des Kanals liegt im Bereich von wenigen Zentimetern. Während der Hauptentladung treten in diesem Kanal Temperaturen bis zu 30000°K auf. Beim Erlöschen des Blitzstromes entfällt der elektrodynamische Überdruck, der bis zu 3 bar beträgt. Das freiwerdende Plasma des Kanals dehnt sich jetzt explosionsartig aus und ruft auf diese Weise den Donner hervor.

Die volkstümliche Bezeichnung „heißer" bzw. „kalter Blitzschlag" hat nichts mit der Temperatur im Blitzkanal zu tun, sondern geschieht danach, ob es durch den Blitzschlag zu einer Brandzündung kommt oder nicht.

Die Zeit vom Beginn der Hauptentladung bis zum Erreichen des Höchstwertes des Blitzstroms liegt im Bereich von 10 bis 100 μsec. Bei einem Mehrfachblitz sind die Entladungen der Folgeblitze wesentlich schneller. Die Folgeblitze benutzen den bereits bestehenden Entladungskanal und erreichen dadurch Vorwachsgeschwindigkeiten bis zu einem Hundertstel der Lichtgeschwindigkeit. Obwohl Spannung und Stromstärke einer Blitzentladung sehr hohe Werte annehmen können, ist die elektrische Energie aufgrund der extrem kurzen Entladungsdauer relativ klein und beträgt nur wenige kWh.

Der Blitzstrom zeigt folgende Wirkungen:

- thermische Wirkung (Wärmeentwicklung)
- elektrodynamische Wirkung (Entstehen von Kräften)
- akustische Wirkung

Die thermische Wirkung kann dem Funkamateur Kummer bereiten. Bei zu geringem Leiterquerschnitt bzw. bei zu hohem spezifischem Widerstand der Blitzschutzeinrichtungen kann es zu Erhitzungen bis zur Schmelztemperatur des Leiters kommen. Da der Blitzstrom stoßartig verläuft, tritt im Leiter eine Stromverdrängung zur Leiteroberfläche hin auf. Der wirksame Widerstand wird dadurch erhöht.

Energie in Form von Wärme wird beim Stromdurchgang durch schlechte Leiter wie Mauerwerk, Holz usw. frei. Der Wassergehalt eines Holzmastes wird z.B. innerhalb kürzester Zeit erhitzt und verdampft.

Dabei entsteht ein Überdruck, der zu einer explosionsartigen Zersplitterung des Holzmastes führen kann.

Findet der Blitzstrom ausreichend gutleitende Querschnitte vor, so können keine Erwärmungen gefährlichen Ausmaßes und damit auch keine Zündungen auftreten. Gefährlich sind dagegen schlechte Kontaktstellen. Übergangswiderstände in der Größenordnung eines Bruchteils von Ohm genügen bereits, um den Wärmeumsatz so groß werden zu lassen, daß etwa an Stoßstellen von metallischen Regenabfallrohren erhebliche Metallmengen geschmolzen werden können. Das geschmolzene Metall verspritzt regelrecht, und wenn in der Nähe einer solchen schlechten Kontaktstelle leichtentzündliches Material lagert, kann es zu einer indirekten Zündung kommen.

Auch die elektrodynamische Wirkung des Blitzstroms muß dem Funkamateur bekannt sein. Hierbei treten zwischen parallelen Stromwegen des Blitzstroms starke Anziehungskräfte auf, sofern der Abstand zwischen den Stromwegen hinreichend gering ist. Parallele Leiter — z.B. Zweidrahtspeiseleitungen, Installationskabel oder dünne Antennenrohre — werden gegeneinandergeschlagen und zusammengequetscht. Bei einem Blitzschlag der Größenordnung von 100 kA betragen diese Kräfte bei 5 mm Abstand zweier Leiter 40 kN/m, bei 50 cm Abstand immer noch 4 kN/m.

2.6 Gefahren der Blitze

Nach dem Einschlag eines Blitzes in Gegenstände sind an der Einschlagstelle teilweise Schmelzwirkungen zu erkennen. Je nach der Leitfähigkeit des betreffenden Gegenstandes wird, wie gesagt, beim Durchgang eines Blitzes elektrische Energie in Wärme umgesetzt.

Durch die Helligkeit des Blitzkanals bei Lichtbogentemperatur entsteht eine außerordentlich hohe Blendwirkung auf das menschliche Auge, die zusammen mit dem Donner dem Beobachter einen gehörigen Schrecken versetzen kann. Eine Gefährdung des Menschen ist in freiem Gelände gegeben, wenn der Blitz in seiner Nähe einschlägt. Um den Einschlagspunkt bildet sich am Erdboden ein trichterförmiges Spannungsgefälle. In diesem Bereich ist der Mensch durch die Berührung zweier Punkte gefährdet, zwischen denen eine zu hohe Spannung besteht. So kann beim gehenden Menschen bereits die Spannung zwischen beiden Füßen (Schrittspannung) lebensgefährlich sein.

Fließt ein Teil des Blitzstromes durch den menschlichen Körper, so tritt ein ähnlicher Effekt auf wie beim Berühren unter elektrischer Spannung stehender Teile. Der Strom kann als unmittelbare Wirkung ein Herzkammerflimmern erzeugen, das zum Tod führt. Auch Reizwirkungen auf das zentrale Nervensystem sowie Wärmewirkungen auf alle stromdurchflossenen Körperpartien sind von Bedeutung. Sie können Lähmungs- und Verbrennungserscheinungen hervorrufen. Eine Lähmung wird vielfach erst nach Stunden oder Tagen abgebaut.

3 Blitzschutzanlagen und ihre Bestandteile

3.1 Allgemeines

Blitzschutzanlagen dienen dem Zweck, Leben und Güter vor Blitzeinschlägen zu schützen. Diese Aufgabe kann jedoch nur dann erfüllt werden, wenn für den jeweiligen Zweck die richtige Schutzanlage gewählt wird. Das setzt voraus, daß die für den betreffenden Fall erforderlichen Bestandteile benutzt und überdies eine sachgemäße Installation vorgenommen wird.

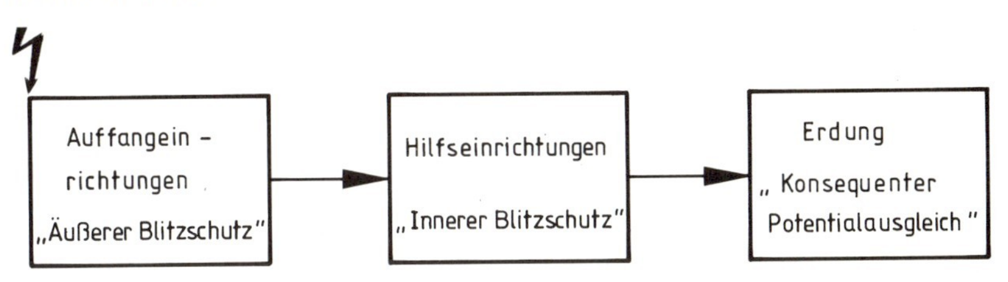

Bild 17: Funktionsprinzip einer Blitzschutzanlage

Eine Blitzschutzanlage kann allgemein als eine Anlage definiert werden, die in der Lage ist, Blitze aufzufangen und ihre Wirkungen zu eliminieren. Die erste dieser Aufgaben wird durch die sog. Auffangeinrichtungen, die zweite durch die sog. Erdungen erfüllt, die dazu dienen, die enormen Blitzströme so zur Erde zu führen, daß sie keinen Schaden an den geschützten Einrichtungen anrichten können. Hinzu kommen wie bei jeder anderen Anlage einige Hilfseinrichtungen, welche dazu dienen, die Funktion der betreffenden Anlage zu verbessern. So betrachtet, kann eine Blitzschutzanlage beschrieben werden, wie es Bild 17 veranschaulicht. Überdies kann eine Blitzschutzanlage in zwei Teile gegliedert werden. Der eine Teil umfaßt diejenigen Einrichtungen, die außerhalb des geschützten Objektes installiert sind und als „äußerer Blitzschutz“ bezeichnet werden, der andere diejenigen Einrichtungen, die innerhalb des geschützten Objektes angebracht sind und als „innerer Blitzschutz“ bezeichnet werden.

3.2 Äußerer Blitzschutz

Unter „äußerem Blitzschutz" versteht man die Gesamtheit aller außerhalb einer baulichen Anlage verlegten und bestehenden Einrichtungen zum Auffangen und Ableiten des Blitzstromes in die Erde.

Bevorzugte Einschlagstellen des Blitzes sind First- und Giebelkanten, bei flachen Dächern und freistehenden Gebäuden auch die Traufkanten, ferner alle die Dachfläche überragenden Teile wie Schornstein, Dunstschlote, Antennenträger und sonstige Dachaufbauten. Deshalb sind sie, soweit sie aus Metall bestehen, mit Auffangvorrichtungen zu versehen bzw. mit einer Ableitung zu verbinden.

3.3 Innerer Blitzschutz

Der „innere Blitzschutz" umfaßt Maßnahmen gegen die Auswirkungen des Blitzstromes und seiner elektrischen und magnetischen Felder auf elektrisch leitende Installationen und elektrische Anlagen. Dazu zählen Maßnahmen zum Potentialausgleich und Überspannungsschutz. Sie bewirken, daß die Überspannung auf Werte zwischen 1 und 2 kV herabgesetzt werden.

Die bei einem Blitzschlag in Gebäude auftretenden Überspannungen können mehrere 100 kV betragen, d.h. Werte, welche die meisten elektrischen Einrichtungen nicht zu verkraften mögen. Die maximale Durchschlagsspannung verschiedener elektrischer Einrichtungen zeigt Tabelle I.

Tabelle I: Maximale Durchschlagsspannung elektrischer Einrichtungen

Anlage	Durchschlagsspannung (kV)
Starkstromgeräte	5 ... 8
Nachrichtengeräte	1 ... 3
Fernmeldekabel	5 ... 8
Starkstromleitungen	bis 20
Koaxialleitungen	bis 50

Es versteht sich von selbst, daß solche Einrichtungen durch geeignete Vorkehrungen vor Blitzüberspannungen geschützt werden müssen.

3.4 Auffangeinrichtungen

Die Auffangeinrichtung soll der Ausgangspunkt eines dem Blitz entgegenwachsenden Fangstrahls sein. Die Fangentladung setzt ein, wenn vom vorwachsenden Blitz eine bestimmte Feldstärke am Absetzpunkt der Fangentladung erzeugt wird. An hervorstehenden Spitzen, Kanten, Antennen usw. wird die zum Start der Fangentladung notwendige Feldstärke eher erreicht, da an diesen Stellen das elektrische Feld zusammengepreßt wird.

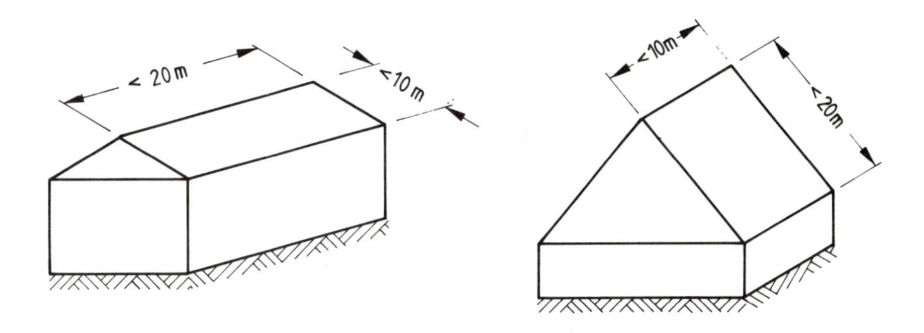

Bild 18: Die Maschenweite von Auffangleitungen darf nicht größer als 20 m x 10 m sein

Auf Bauwerken wird als Auffangeinrichtung ein Maschennetz von Fangleitungen errichtet. Die Maschenweite darf nicht größer als 10 x 20 m sein (vgl. Bild 18). Kein Punkt des Daches darf weiter als 5 m von einer Auffangeinrichtung entfernt sein. Auffangleitungen und Auffangspitzen bestehen aus verzinktem Stahlband (20 x 2,5 mm), Vollkupfer (8 mmØ) oder Kupferseil (50 mm^2). Für Auffangstangen aus Stahl oder Kupfer ist ein Durchmesser von 16 mm vorzusehen. Den Idealfall mit der Maschenweite Null bildet das Blechdach.

Alle mit der Erde verbundenen und größere nicht mit der Erde verbundene Metallteile sind als Auffangeinrichtungen anzusehen und müssen mit den Auffangleitungen verbunden werden. Große ebene Dachflächen, die in oder unter der Dachhaut größere metallische Flächen oder Teile enthalten, sind mit zusätzlichen, an der Auffangleitung angebrachten Spitzen zu versehen, um das Einsetzen einer Fangentladung zu begünstigen.

Bei Flachdächern, die unter der Dachhaut mit metallisch kaschierten Dämmstoffen versehen sind, ist der Einsatz von zusätzlichen Auffangspitzen erforderlich. Wird dies unterlassen, kann es bei einem Blitzeinschlag zu schweren Beschädigungen des Dämmaterials kommen.

Bild 19 gibt eine schematische Darstellung der grundsätzlich zur Anwendung kommenden Auffangeinrichtungen für Gebäude und ihres Schutzbereichs nach außen. Der seitliche Schutzbereich einer Auffangeinrichtung ist bei einer Höhe der Auffangeinrichtung von < 20 m mit einem Schutzwinkel von 45° anzunehmen. Bei mehreren einzeln aufgestellten Fangstangen ist ein Schutzwinkel von 60° gegen die Vertikale zur benachbarten Fangstange anzunehmen.

Hochspannungsfreileitungen mit geerdeten Masten, die ein Gebäude isoliert überspannen, können als Blitzschutz für das Gebäude angesehen werden. Auch hier ist in Abhängigkeit von der Höhe der Hochspannungsfreileitung von einem Schutzwinkel von 45° quer zur Leitungsrichtung auszugehen. Eine Niederspannungsfreileitung kann für Blitzschutzzwecke nicht herangezogen werden, obgleich auch sie eine Auffangeinrichtung darstellt. In diesem Falle ist also stets eine zusätzliche Blitzschutzanlage notwendig.

3.5 Ableitungen

Vom Einschlagpunkt in der Auffangeinrichtung läuft der Blitzstrom über die Ableitungen zur Erde. Die Ableitungen müssen auf dem kürzesten Weg die Auffangeinrichtung mit der Erdungsanlage verbinden. Je 20 m des Umfangs der Dachaußenkante ist mindestens eine Ableitung vorzusehen. Ausgehend von den Ecken sind die Ableitungen möglichst gleichmäßig zu verteilen. Von Türen, Fenstern und sonstigen Öffnungen sollen sie mindestens 50 cm entfernt sein.

Im Hinblick auf den inneren Blitzschutz ist es günstig, das Gebäude allseitig gleichmäßig mit Ableitungen zu umgeben. Die Ableitungen werden im Boden miteinander und mit der Erdung verbunden.

Beim Durchfließen des Blitzstromes werden die Ableitungen erwärmt. Die Zeitdauer eines Blitzes kann kleiner als 1 sec angesetzt werden, so daß der Abfluß von Wärme während des Blitzstromflusses unberücksichtigt bleiben kann. Hinreichend genau kann man mit dem Gleichstromwiderstand der Ableitung rechnen. Bei mehreren Ableitungen teilt sich der Blitzstrom umgekehrt proportional zum elektrischen Widerstand auf.

Als Leiter für die Ableitung kann verzinktes Stahlband (20 x 2,5 mm), blankes Vollkupfer (8 mm Ø), Kupferseil (50 mm²), Aluminiumband (20 x 4 mm), Kabel NYY (16 mm²) oder NAYY (25 mm²) dienen. Ableitungen dürfen auf Putz, an der Gebäudeaußenwand, unter Putz, in Beton sowie in Schlitzen und Schächten verlegt werden.

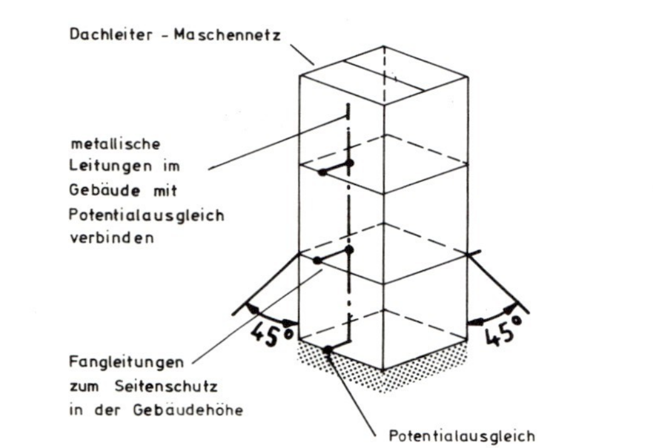

a) Hochhaus mit Dachleitungsmaschennetz. Seitenschutz mindestens alle 20m mit zunehmender Höhe. Schutzbereich nach außen im Winkel von 45° bis 30 m Höhe.

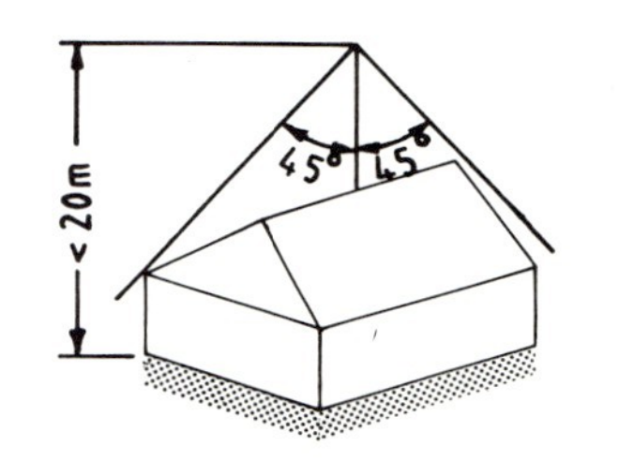

b) Schutz durch Fangstange bis etwa 20 m Höhe über dem Erdboden

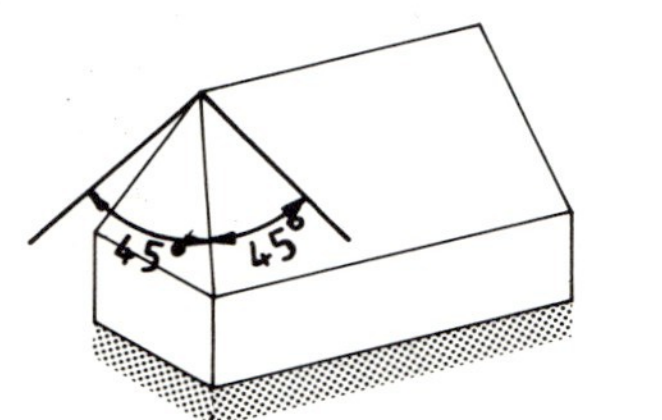

c) Schutzbereich bei Steildach durch Firstleiter bis etwa 20m über dem Erdboden

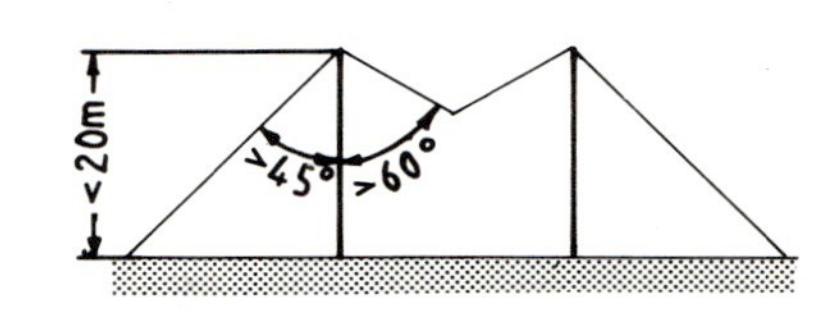

d) Schutzbereich bei Masten und Seilüber-spannungen.

Bild 19: Typische Auffangeinrichtungen

3.6 Hilfseinrichtungen

3.6.1 Blitzductoren

Blitzductoren sind Überspannungsschutzgeräte, die als Vierpole mit Funkenstrecken und Tiefpaßfiltern konzipiert sind. Sie bieten somit Schutz gegen Längs- und Querspannungen. Bild 20 zeigt die praktische Ausführung eines solchen Gerätes.

Bild 20: Beispiel eines Blitzductors (Foto: Fa. Dehn)

Wird der Eingang eines derartigen Geräts von einer hohen Spannung beaufschlagt, so wird diese Spannung innerhalb von μsec auf Werte unter

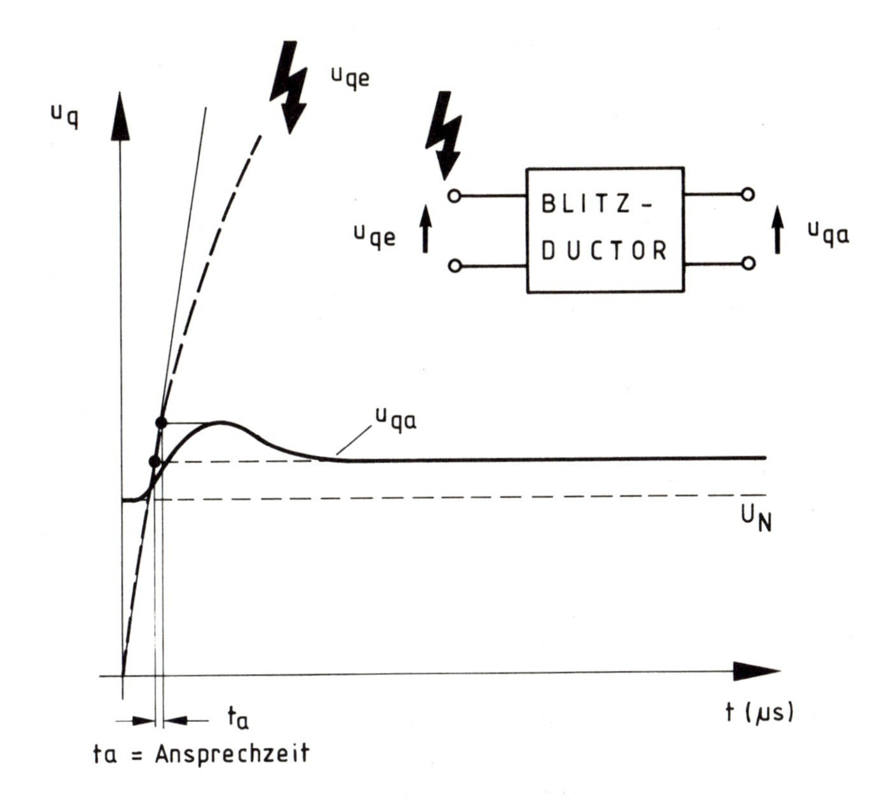

Bild 21: Ansprechverhalten eines Blitzductors

1300 V am Ausgang herabgesetzt. Dieses Verhalten veranschaulicht generell das Diagramm des Bildes 21.

Es stehen drei Typen von Blitzductoren zur Verfügung:

Typ A

Dieser Typ enthält lediglich Funkenstrecken, die Längs- und Querspannungen entsprechend der in Bild 21 gezeigten Schutzkennlinie reduzieren. Bei einer Eingangsspannung $\hat{u}_e$ von 6 kV wird die Ausgangsspannung $\hat{u}_a$ auf weniger als 1300 V reduziert. Der Blitzductor des Typs A

Tabelle II : Typenübersicht mit technischen Daten

Nennableitstoßstrom i_{sN} : 10 kA (8/20)

Schutzart: Schaltung IP 65

Anschlüsse IP 00

Typ	Prinzipschaltbild	U_N bis –	~	R_l (Ω)	3 dB Där… i (mA)
RZ	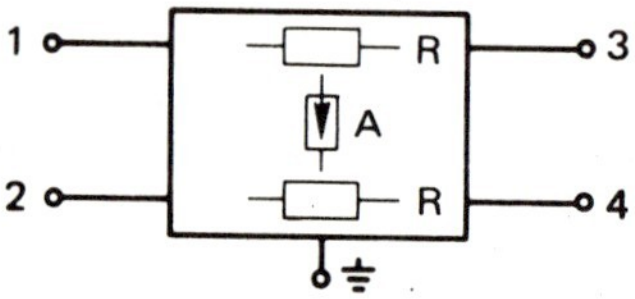	12 V		21	82
		15 V		27	86
		24 V		39	90
		42 V		47	130
		60 V		47	190
			12 V	33	54
			15 V	39	57
			24 V	56	64
			42 V	47	130
			60 V	82	100
LZ	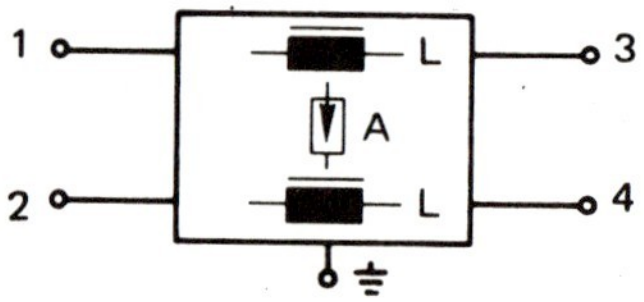	12 V 15 V 24 V 42 V 60 V	12 V 15 V 24 V 42 V 60 V	0,7	festgelegt durch $I_{KNetz\ max.}$
A	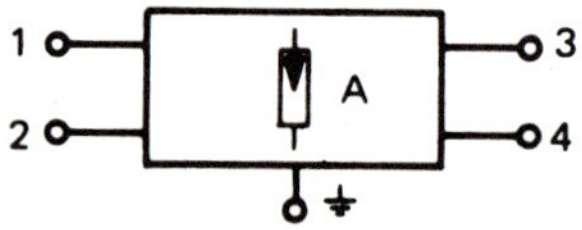	42 V	42 V	0	
		50 V	50 V	0	

U_N ... Nennspannung der MSR-Anlage

R_l ... Wert des Längswiderstandes zwischen den Klemmen 1 und 3 bzw. 2 und 4

$I_{KNetz\ max}$ ... max. zulässiger Netzkurzschluß-strom am Einbauort

u_{q_a} ... Scheitelwert der Ausgangs… Klemmen 3 und 4), bei Be… einer Stoßspannung von … spannung U_N (Abweichun…

u_{l_a} ... Scheitelwert der Längsspa… Beaufschlagung des Eingan… spannung von 6 kV (1,2/5… (Abweichung max. ± 20 …

Ansprechzeiten t_a :	Querspannung (u_q) :	Typen RZ und LZ :	< 1 ns
		Typ A :	ca. 0,8 µs
	Längsspannung (u_l) :	alle Typen :	ca. 0,8 µs

bei Hz)	$I_{K_{Netz\,max.}}$ (A)	Spannungsbegrenzung (V) u_{aq}	 u_{la}	Anwendung	
25	beliebig beliebig 0,3 0,3 0,3 beliebig beliebig 1,0 0,3 0,3	16 21 32 56 77 24 28 46 69 114	1300	In allen MSR-Anlagen, in denen eine Widerstandserhöhung durch R_l zulässig ist (z.B. Stromkreise mit eingeprägten Strömen)	Zugelassen zum Schutz von privaten Fernmeldeeinrichtungen an posteigenen Fernsprech-Stromwegen (FTZ-Zulassung A52 - 8 Nr. 121/125 a 15)
4	1,0 1,0 0,6 0,6 0,6 1,0 1,0 1,0 1,0 1,0	17 23 33 57 80 28 32 47 70 119	1300	In allen MSR-Anlagen, in denen eine nennenswerte Widerstandserhöhung nicht zulässig ist (z.B. Stromversorgungsleitungen, Leitungen mit Widerstandsabgleich)	
)	0,6–/1,0 ~ 0,6–/1,0 ~	1300 1800	1300 1300	In allen MSR-Anlagen, die eine Stoßspannungsfestigkeit ≥2 kV aufweisen (z.B. Grenzwertgeber, Thermoelemente, Potentiometer)	

ng (Querspannungsbegrenzung zwischen den agung des Einganges (Klemmen 1 und 2) mit 1.2/50) und gleichzeitig anliegender Nenn-, ± 5 %, bei Typen RZ und LZ , ± 20 % bei Type A)
zwischen den Klemmen 3 bzw. 4 und ⏚ bei lemmen 1 bzw. 2 und ⏚) mit einer Stoß- gleichzeitig anliegender Nennspannung U_N. len Typen).

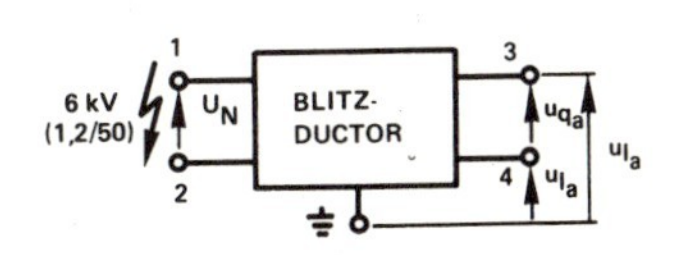

wird aufgrund dieser Eigenschaften zum Schutz von Geräten mit einer Stoßspannungsfestigkeit von mindestens 2 kV (z.B. Thermoelemente, Potentiometer usw.) eingesetzt. Blitzductoren des Typs A sind kurzschlußfest.

Typ RZ

Bei diesem Typ liegen die Längswiderstände R in Reihe mit den Leitungswiderständen der MSR-Leitung (MSR = Meß-, Steuer- und Regelanlage). Dieser Typ kommt allein für Stromkreise in Frage, bei denen eine Widerstandserhöhung in Kauf genommen werden kann. Der Widerstandswert ist natürlich von der jeweiligen Betriebsspannung abhängig. Er nimmt mit steigender Betriebsspannung zu, wie es Tabelle II veranschaulicht. Auch bei diesem Typ werden Eingangsspannungen von 6 kV innerhalb kürzester Zeit auf weniger als 1300 V herabgesetzt.

Typ LZ

Blitzductoren dieses Typs enthalten anstelle des ohm'schen Längswiderstandes R Induktivitäten L mit kleinem Gleichstromwiderstand. Sie finden Anwendung, wo keine nennenswerte Erhöhung des Widerstands im Stromkreis zulässig ist. Auch dieser Typ begrenzt Längsspannungen von 6 kV auf Werte von weniger als 1300 V. Er ist geeignet, empfindliche elektrische Geräte gegen Querspannungen zu schützen. Blitzductoren des Typs LZ sind nicht kurzschlußfest. Der maximal zulässige Dauerstrom beträgt 1 A.

3.6.2 Koaxialausführungen von Blitzschutzautomaten

Die Firma Cush-Craft, Manchester NH/USA, bietet einen Blitzschutzautomaten (Blitz-Bug Lightning Arrester) in koaxialer Ausführung an. Dieser Blitzschutzautomat wird in die Koaxialleitung zwischen Sender und Antenne eingebaut. Die vorhandene Erdungsschraube wird über Kupfer-NYY von mindestens 10 mm^2 mit einem guten Erder verbunden. Die HF-Belastbarkeit dieses Blitzschutzautomaten beträgt 1 kW (bei AM). Das Stehwellenverhältnis wird durch den Einbau des Automaten nicht verschlechtert. Auch die Durchgangsverluste sind zu vernachlässigen. Der Frequenzbereich des Blitzschutzautomaten erstreckt sich zwischen 0 und 500 MHz.

Bild 22: Blitzschutzautomaten LAC-1 und LAC-2 in Koaxialausführung

Cush-Craft bietet zwei Modelle des Automaten an (vgl. Bild 22). Das Modell LAC-1 besitzt auf der einen Seite einen Stecker PL 259, auf der Gegenseite eine Buchse SO 239. Das Modell LAC-2 besitzt 2 Koaxialbuchsen SO 239. Beide Modelle verfügen über eine definierte Funkenstrecke im Inneren des koaxialen Leitungszuges. Die Funktionsfähigkeit des Blitzschutzautomaten kann durch Messung des Isolationswiderstandes überprüft werden. In der Bundesrepublik Deutschland werden diese Blitzschutzautomaten von der Firma Ing. Hannes Bauer, Bamberg, vertrieben.

Die Bezeichnung „Blitzschutzautomat" soll übrigens nicht zu der

Annahme verleiten, daß mit diesem Gerät alle Probleme des Blitzschutzes zu bewältigen seien. Es bietet lediglich die Möglichkeit, die Blitzüberspannung auf Werte herabzusetzen, die keine Gefährdung der Hausinstallation nach sich ziehen.

3.6.3 Trennfunkenstrecken

Trennfunkenstrecken dienen der blitzstrommäßigen Kopplung von Anlageteilen. Bis zu ihrer Ansprechspannung trennen sie die Anlageteile elektrisch voneinander. Für den Blitzstrom stellen sie dagegen eine elektrische Verbindung her. Nach dem Abklingen des Blitzstromes wird diese elektrische Verbindung wieder unterbrochen. Trennfunkenstrekken finden Anwendung für

Bild 23: Beispiel einer Trennfunkenstrecke in geschlossener, feuersicherer Form

- die Verbindung der Blitzschutzanlage mit anderen geerdeten Anlagen an Näherungsstellen
- die Verbindung im Normalbetrieb getrennter Erdungsanlagen
- die Verbindung von kathodisch geschützten Anlagen.

Die Anforderungen und Prüfungen von Trennfunkenstrecken sind je nach Einsatzgebiet und Anwendung in den Vorschriften (z.B. ABB, VDE) unterschiedlich. Die Trennfunkenstrecke muß in der Lage sein, hohe Blitzströme verschweißfrei zu führen. Die Stoßansprechspannung muß möglichst niedrig sein. Dagegen kann in anderen Einsatzbereichen — z.B. bei der Antennenstandrohr-Funkenstrecke — eine wesentlich höhere Ansprechspannung zugelassen werden, die jedoch niedriger sein muß als die Überschlagsspannung der Isolatoren eines Antennensystems (z.B. der Isolierstücke der Antennenelemente am Boomrohr) und die Durchschlagsfestigkeit der zugehörigen Leitungen (z.B. Koaxialkabel, Kabel für Rotorsteuerung, Kabel für Antennenumschalter usw.).

Bild 23 zeigt eine Trennfunkenstrecke in geschlossener, feuersicherer Form, Bild 24 ihren Einsatz als Dachständerfunkenstrecke. Geräte die-

Bild 24: Trennfunkenstrecke im Einsatz als Dachständerfunkenstrecke

ser Art dienen lediglich als Überspannungsableiter und werden in den verschiedensten Ausführungen hergestellt.

3.6.3.1 Edelgasgefüllte Überspannungsableiter

Gasgefüllte Überspannungsableiter (ÜsAg) nutzen das Gasentladungsprinzip. Nach Überschreiten der Zündspannung (typenabhängig zwischen 70 und 12000 V) wird im hermetisch abgeschlossenen Entladungsraum innerhalb von Nanosekunden ein kontrollierter Lichtbogen gezündet, der die Überspannung kurzschließt. Das hohe Ableitvermögen (bis zu 60 kA) wird durch die geringe Bogenbrennspannung ermöglicht. Der ÜsAg verlöscht nach Abklingen der Entladung und nimmt erneut den für den ungestörten Betriebszustand typischen hohen Widerstandswert an.

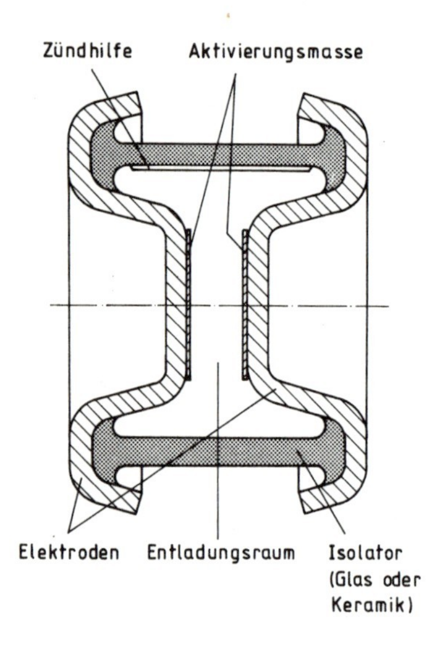

Bild 25: Prinzipaufbau eines ÜsAg

Der ÜsAg besteht aus einem hermetisch geschlossenen Entladungsraum. Der hohle, zylinderförmige Isolator ist mit zwei stirnseitig angeordneten Elektroden versehen. Die Elektrodenflächen sind mit einem emissionsfördernden Überzug versehen, der Elektrodenabstand beträgt ca. 1 mm. Der Entladungsraum der edelgasgefüllten Überspannungsableiter enthält Argon oder Neon als Gasfüllung. Den prinzipiellen Aufbau eines ÜsAg

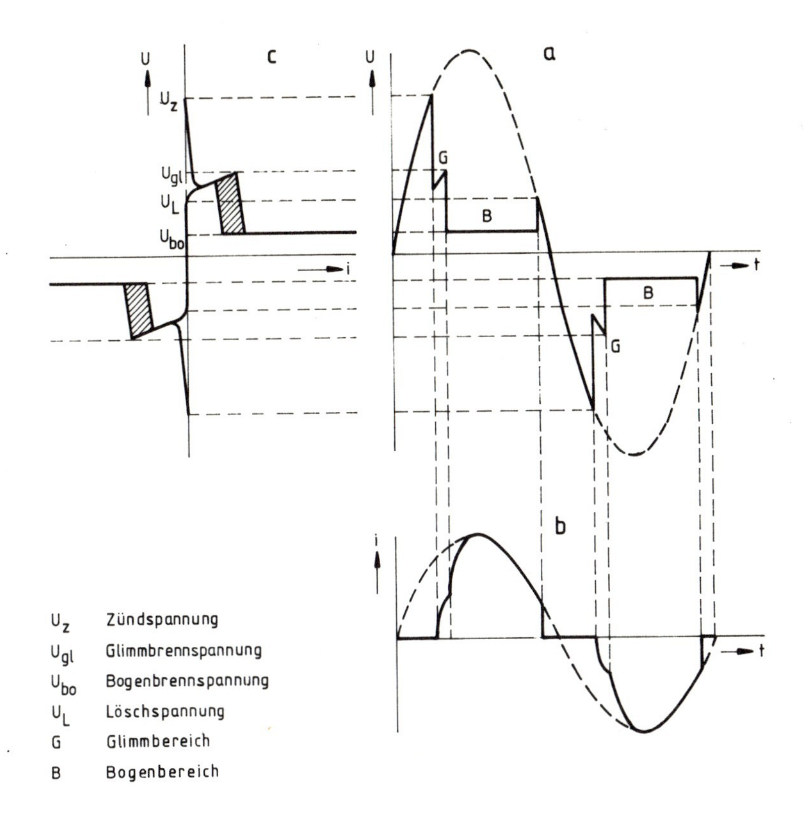

Bild 26: Begrenzung einer sinusförmigen Überspannung durch einen ÜsAg
a) Spannung am ÜsAg als Funktion der Zeit
b) Strom durch den ÜsAg als Funktion der Zeit
c) U/I — Kennlinie des ÜsAg

zeigt Bild 25. Der ÜsAg kann mit einem symmetrischen kapazitätsarmen Schalter verglichen werden, dessen Widerstand $> 10\ \text{G}\Omega$ (im ungestörten Betriebszustand) auf Werte $< 0{,}1\ \Omega$ (nach dem Zünden durch eine Überspannung) wechseln kann. Klingt die Beeinflussung durch die Überspannung ab, kehrt der ÜsAg zum ursprünglichen Zustand zurück. Bild 26 oben zeigt den Verlauf der Spannung, Bild 26 unten den Strom als Funktion der Zeit bei der Begrenzung einer sinusförmigen Überspannung. Während des Anstiegs der Spannung bis zur Zündspannung U_z

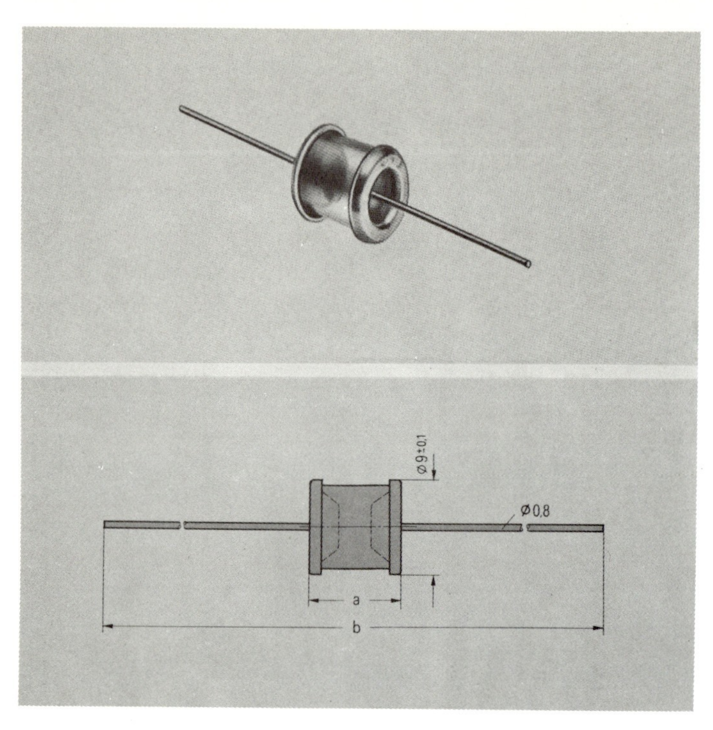

Bild 27: Beispiel eines ÜsAg

Ansprechgleichspannung	**Uag:**	**70—450 V**
Ansprechstoßspannung	**Uas**	**(bei 1 kV/μs): < 1,5 kV**
Nennableiterstoßstrom	**i_{sN}**	**(Welle 8/20 μs): 5 kA**
Isolationswiderstand	**R_{is}**	**(bei 100 V —): $\geq 10^9$ Ω**

Kapazität C: 2 pF
Maß a: 6,5 ± 0,8 mm
Maß b: 4,7 ± 3 mm

fließt kein Strom. Ist der ÜsAg gezündet, so bricht die Spannung auf die Glimmbrennspannung U_{gl} (typenspezifisch 70—150 V bei einem Strom von einigen 100 mA — 1,5 A) im Glimmbereich G zusammen. Bei weiter ansteigendem Strom folgt der Übergang in die Bogenentladung B (Lichtbogen). Für diesen Bereich ist eine niedrige Bogenbrennspannung U_{bo} zwischen 10 und 20 V charakteristisch. Die Bogenbrennspannung ist vom Strom nahezu unabhängig. Bei abnehmender Überspannung in der zweiten Hälfte der Periode verarmt der Strom im Lichtbogen, bis der zur Aufrechterhaltung der Bogenentladung erforderliche Stromwert (typenspezifisch 10—100 mA) unterschritten wird. Die Bogenentladung

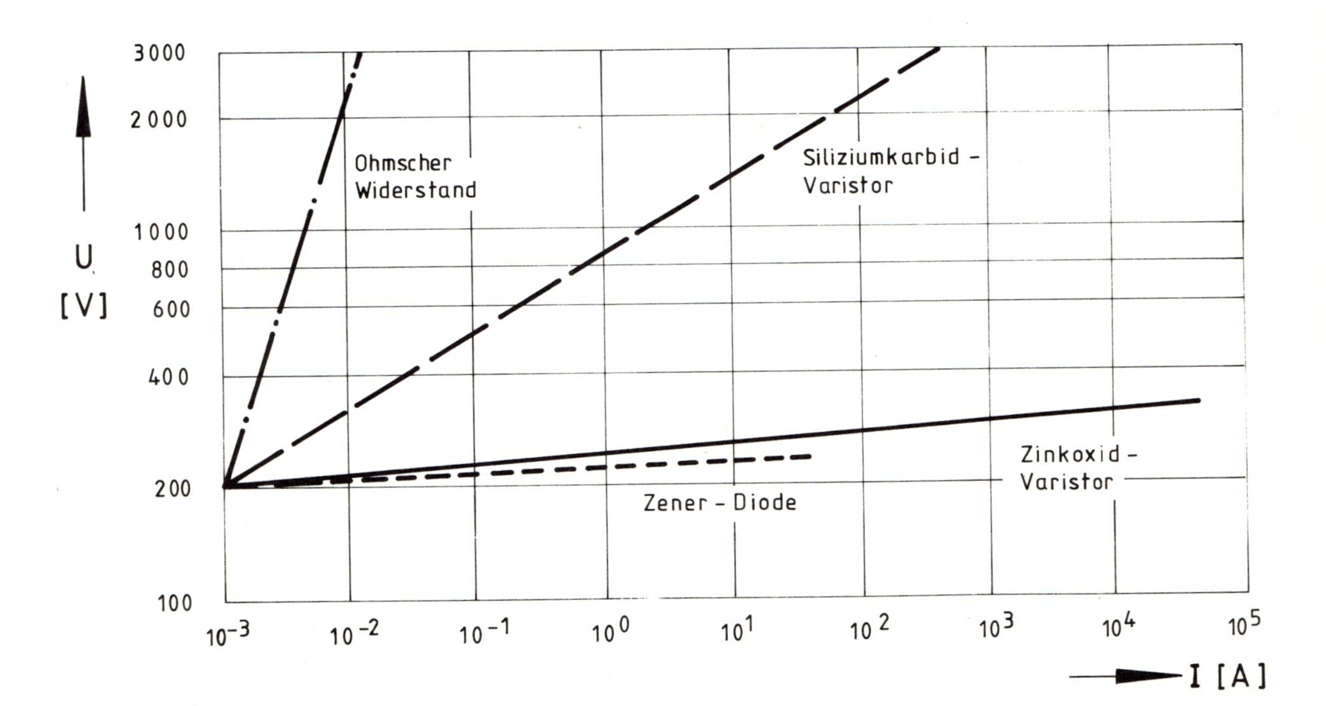

Bild 28: U/I-Kennlinien spannungsabhängiger Widerstände im Vergleich zur Kennlinie eines ohm'schen Widerstands

reißt ab und der ÜsAg erlischt bei der Spannung U_L nach Durchlaufen der Glimmphase. Bild 27 zeigt einen ÜsAg mit seinen Abmessungen und seinen Hauptkenndaten.

3.6.3.2 Varistoren

Varistoren sind bekanntlich spannungsabhängige Widerstände und können daher als Überspannungsableiter Verwendung finden. In Bild 28 sind die Kennlinien eines Siliziumkarbidvaristors und eines Zinkoxidvaristors sowie die Kennlinien einer Zenerdiode und eines ohm'schen Widerstandes dargestellt. Die Kennlinie der Zenerdiode und des Zinkoxid-Varistors zeigen etwa das gleiche Verhalten. Der Zinkoxid-Varistor ist gleichwohl vorzuziehen, da er mit Stoßströmen im 10 kA-Bereich belastbar ist und seine Betriebsspannung bis zu 1500 V betragen kann. Der Maximalstrom einer Zenerdiode ist auf einige 100 A begrenzt, die höchstzulässige Betriebsspannung beträgt einige 100 V.

Die Eigenkapazität eines Varistors beträgt 100 bis 200 pF. Die Ansprechspannung (identisch mit dem „Zenerknick") liegt zwischen 30 und nahezu 2000 V. Die Eigenkapazität einer Zenerdiode beträgt zwischen 10 und einigen 10 pF, die Ansprechspannung beträgt einige 10 V. Die Ansprechzeit von Varistoren liegt bei einigen 10 nsec, die Ansprechzeit von Zenerdioden unter 1 nsec.

Bild 29 zeigt verschiedene Bauformen von Zinkoxid-Varistoren. Varistoren können prinzipiell mit Funkenstrecken kombiniert werden, um einen besseren Schutz gegen Überspannungen zu erzielen. Bild 30 zeigt einige solcher Kombinationen.

Parallelschaltung

Die relativ niedrige Ansprechspannung sowie die hohe Ansprechgeschwindigkeit des Varistors und die große Stoßstromfähigkeit der Funkenstrecke ergeben eine nützliche Kombination. Schon bei kleinen Überspannungen spricht der Varistor an und übernimmt den Feinschutz. Bei Überspannungen, die hohe Stoßströme zur Folge haben, welche den Varistor zerstören könnten, spricht die Funkenstrecke an und übernimmt die Ableitung.

Serienschaltung

Der Spannungsabfall am Varistor bewirkt bei abklingender Überspannung das Erlöschen der Funkenstrecke. Die isolierende Funkenstrecke

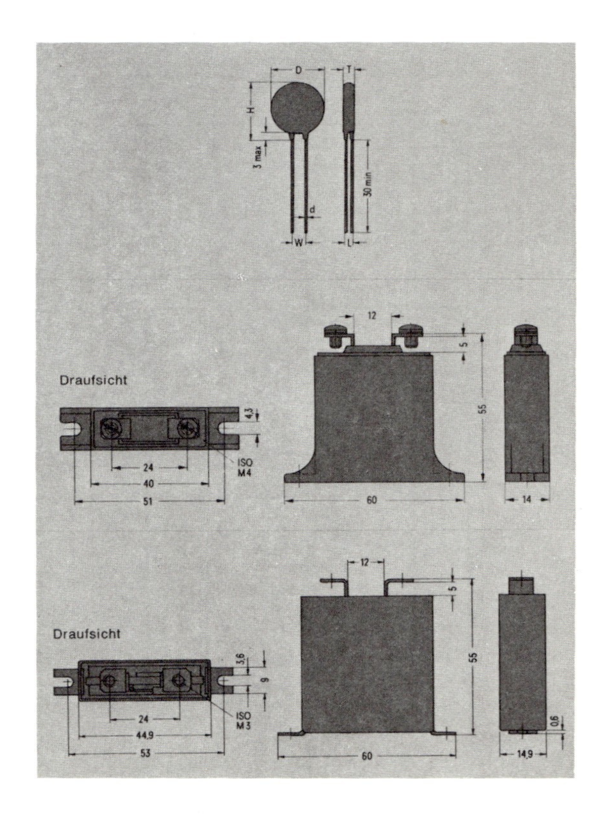

Bild 29: Bauformen und Hauptmaße von einigen Zinkoxid-Varistoren

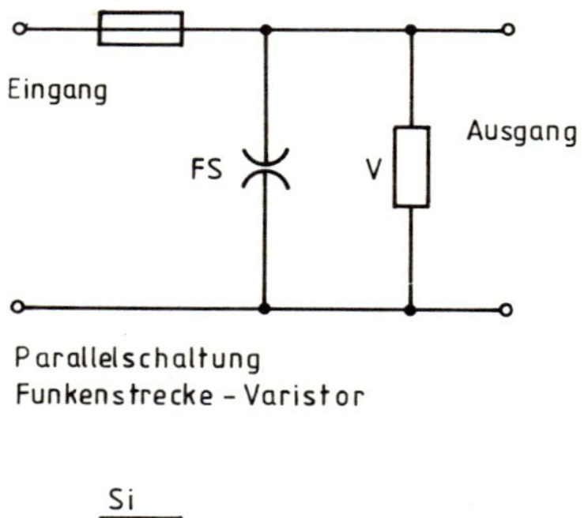

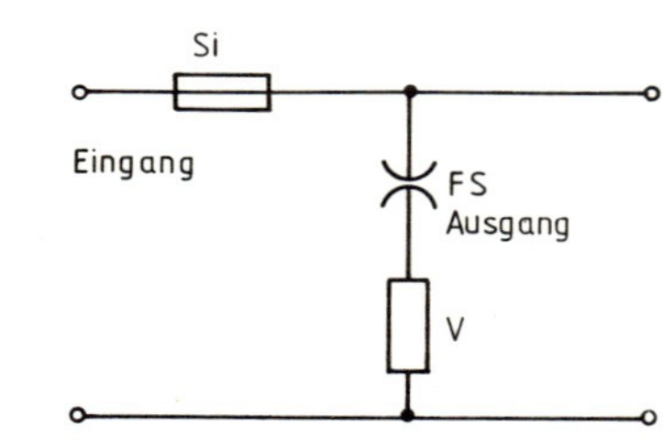

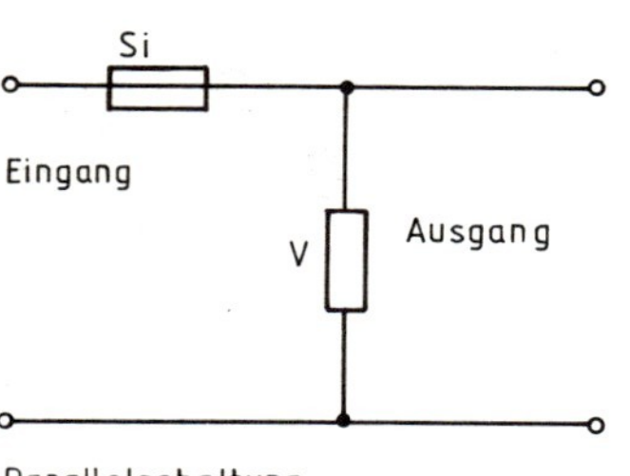

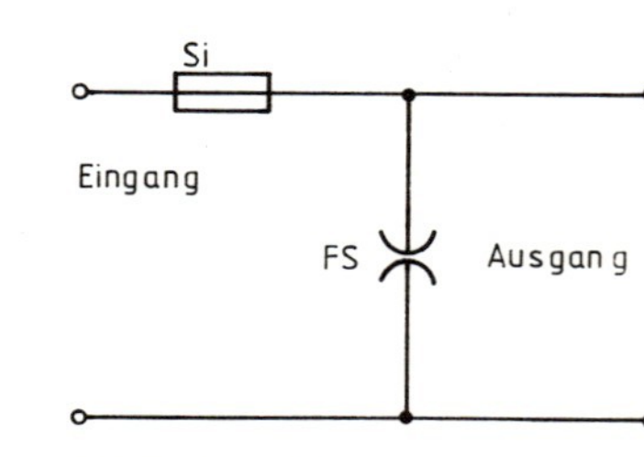

V : Varistor
FS: Funkenstrecke
Si : Sicherung

Bild 30: Kombinationsmöglichkeiten von Funkenstrecke und Varistor

bestimmt das elektrische Verhalten der Serienschaltung bei ungestörtem Betrieb, der Varistor im Überspannungsfall nach dem Ansprechen der Funkenstrecke.

3.6.3.3 Transzorb-Dioden

Überspannungsbegrenzungen innerhalb sehr kurzer Zeiten können auch mit Hilfe von Transzorb-Dioden erzielt werden. Diese Dioden sind ähnlich wie Zenerdioden konzipiert. Ihre obere Begrenzungsspannung weicht kaum von Ansprechspannung ab, ihre Ansprechzeit beträgt 1 Picosekunde. Diese Ansprechzeit ist erheblich kürzer als die Zeit, in der die Elektronik etwa eines Steuergeräts für einen Antennenrotor defekt wird. Die Diode wird zwischen Geräteeingang und Erde geschaltet. Zur Begrenzung des durch die Diode zur Erde abfließenden Stroms muß ein niederohmiger Widerstand (22 Ω) vorgeschaltet werden. Der Span-

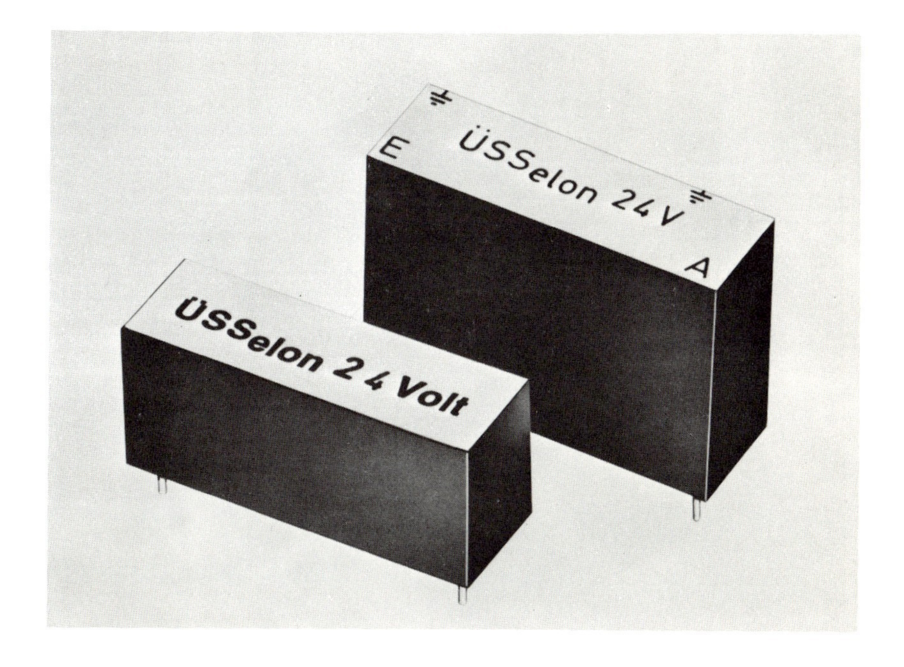

Bild 31: ÜSS$_{elon}$-Modul zum Einlöten in gedruckte Schaltungen. Schutzelemente (Begrenzerdiode, Ableiter, Vorwiderstand) vergossen (Foto: Fa. Quante)

Bild 32: ÜSSelon-Modul aus 10 Einzelelementen (Höhe 31 mm, Breite 180 mm, Tiefe 100 mm) (Foto: Fa. Quante)

nungsabfall, den der durchfließende Ableitungsstrom am Widerstand erzeugt, läßt zusammen mit der an der Diode anstehenden Begrenzungsspannung einen vorgeschalteten Überspannungsableiter ansprechen, bevor der Ableitungsstrom die Diode zerstören kann. Aufgrund des relativ kleinen Widerstandswertes werden die Übertragungseigenschaften einer Kabelstrecke, auf der die Schutzeinrichtung eingebaut ist, praktisch nicht verändert.

Bild 31 zeigt Überspannungsschutzmodule, die von der Firma Quante, Wuppertal, unter dem Namen ÜSS_{elon} angeboten werden. Widerstand, Diode und Ableiter sind zum ÜSS_{elon}-Modul zusammengefaßt und als Block vergossen. Der Ableiter ist nur 8 x 8 mm groß und kann den respektablen Nenn-Ableitstrom von 10 kA führen.

Bild 32 zeigt zehn ÜSS_{elon}-Module, die auf eine Leiterplatte aus 2,5 mm starken glasfaserverstärkten Epoxydplatinen (Leiterbahnen 70 μ stark, verzinnt) gesteckt und verlötet sind. In diesen ÜSS_{elon}-Modulen ist die Begrenzerdiode und der Vorwiderstand als Block vergossen. Die Ableiter 8 x 20 mm sind einzeln auswechselbar in Fassungen aufgesteckt. Die Ein- und Ausgänge sind auf Klemmen geführt.

3.6.4 Überspannungsableiter für elektrische Anlagen

§ 18 der VDE-Bestimmung 0100/5.73 fordert den „Schutz der elektrischen Anlagen gegen Überspannungen“. In der VDE-Richtlinie 0185 („Blitzschutzanlagen“) wird im Rahmen des konsequenten Potentialausgleichs die Einbeziehung der Starkstromanlage über Überspannungsableiter vorgeschrieben.

Weder die Erdung der Antennenträger noch eine ordnungsgemäße Gebäudeblitzschutzanlage können verhindern, daß gefährliche Gewitterüberspannungen in die elektrische Installationsanlage eines Hauses übertragen werden.

Die Stoßspannungsfestigkeit elektrischer Installationsanlagen ist nach Alter und Zustand verschieden. Sie beträgt bei Installationsmaterial etwa 1—3 kV. Dieses Installationsmaterial wird nach den in VDE 0250 festgelegten Nennspannungen (z.B. 380 V) ausgewählt. Diese Spannung darf dauernd um höchstens 15% überschritten werden. Bei atmosphärischen Vorgängen können in den Leitungen Überspannungen von einigen 1000 V bis zu einigen 100 kV entstehen. Die Isolation hält derartigen Beanspruchungen nicht stand und wird durchschlagen. Es muß daher eine Einrichtung zugeschaltet werden, die die Installationsanlage vor unzuträglichen Überspannungen schützt. Diese Einrichtung ist der Überspannungsableiter.

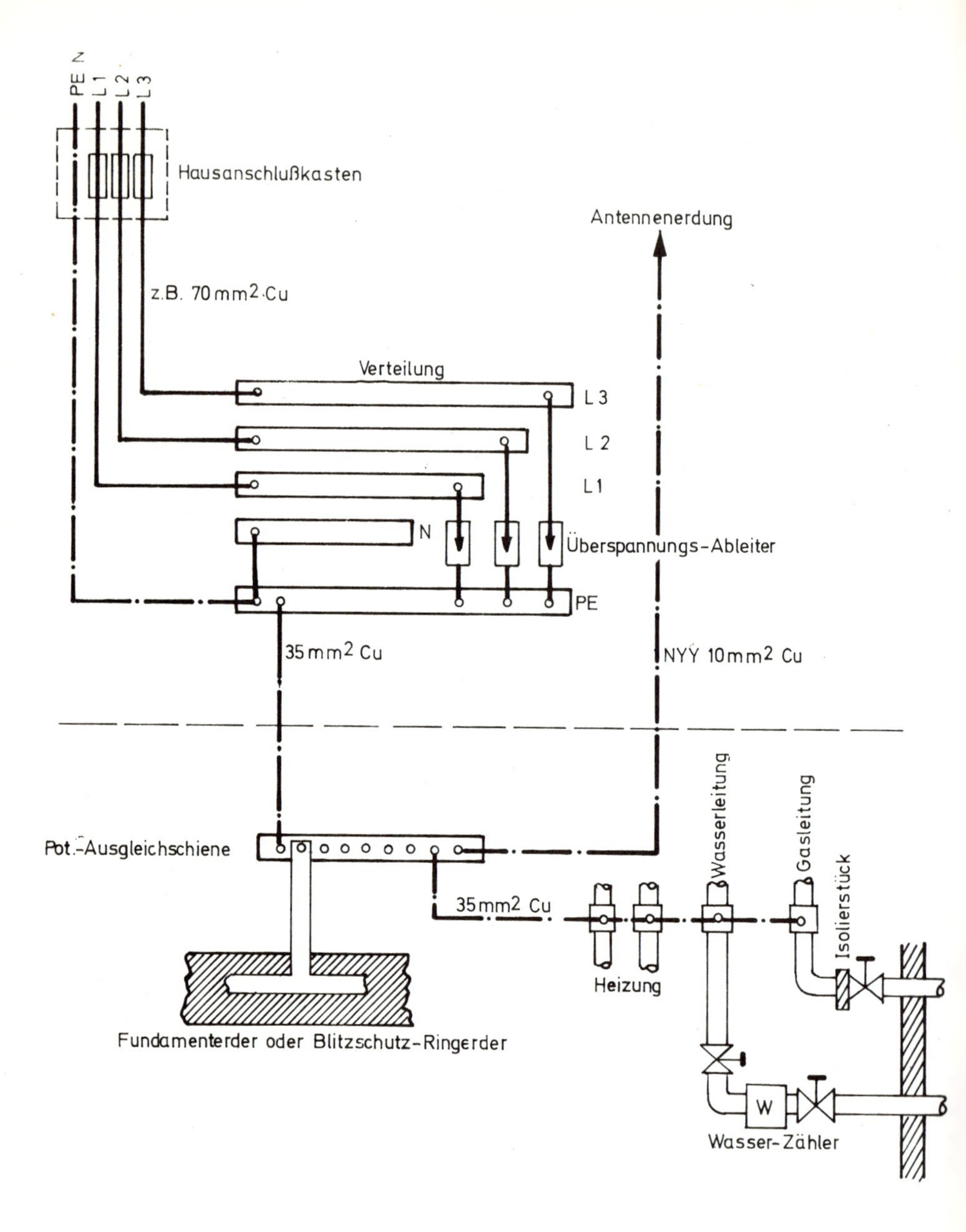

Bild 33: Potentialausgleich bei Nullung

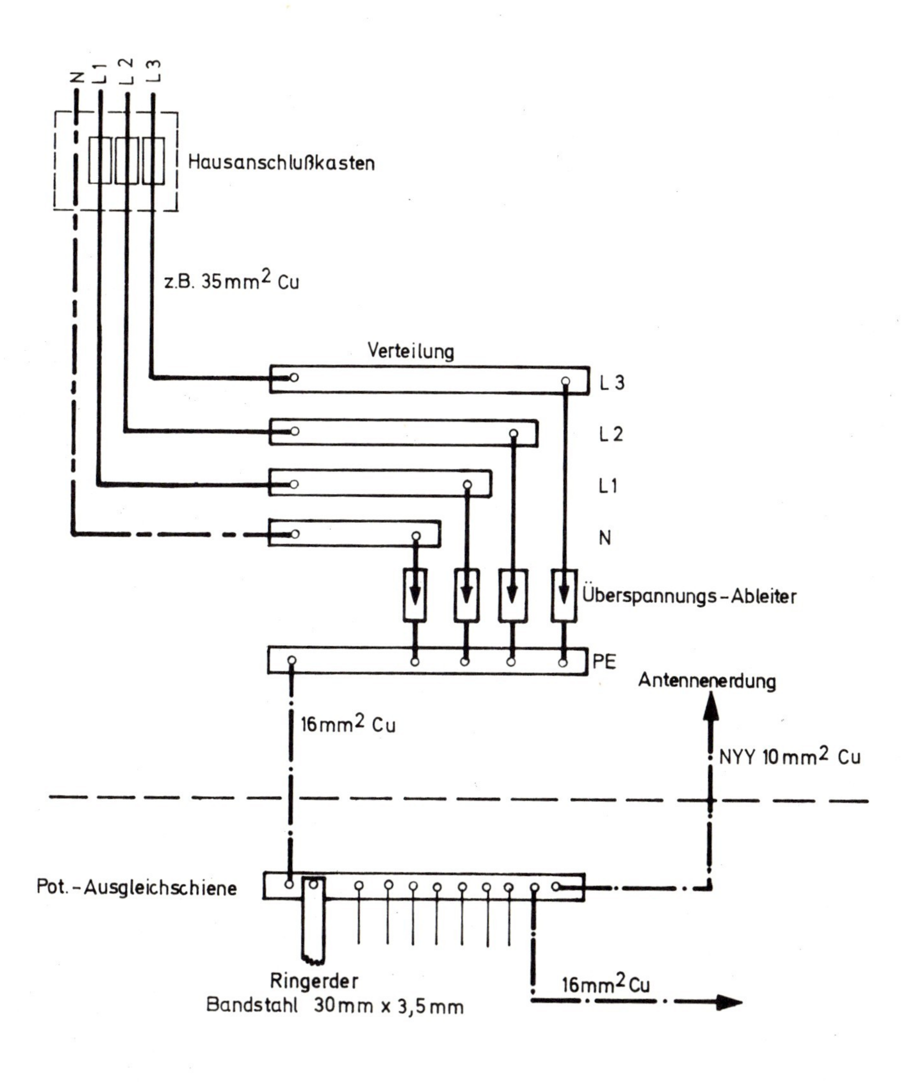

Bild 34: Potentialausgleich ohne Nullung

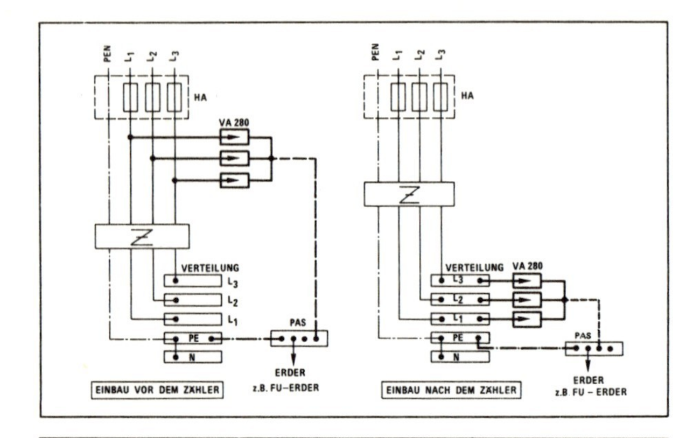

Nullung nach VDE 0100 § 10

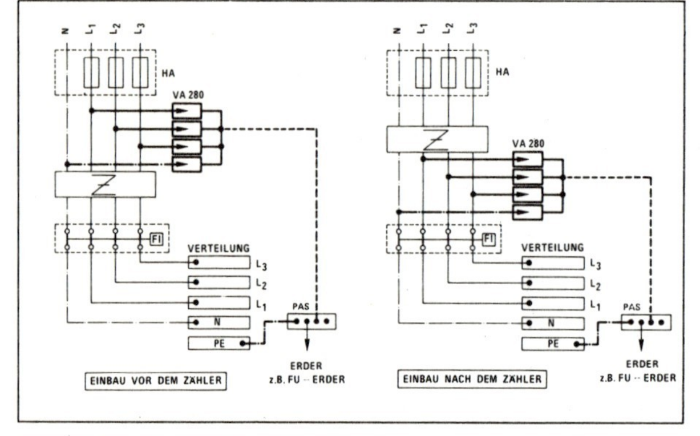

FI – Schutzschaltung nach VDE 0100 § 13

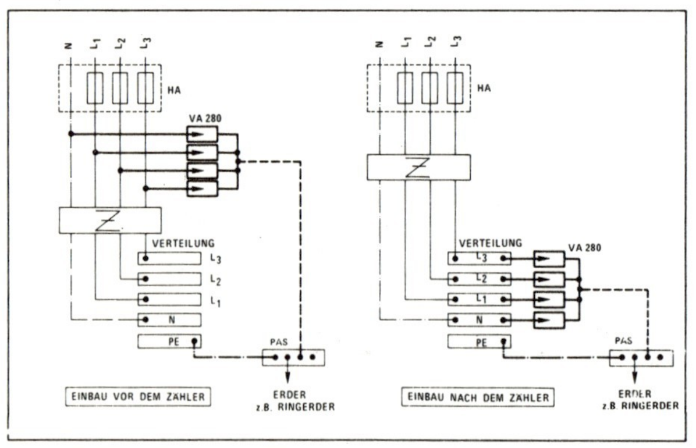

Schutzerdung nach VDE 0100 § 9

Bild 35: Einbau des Überspannungsableiters VA 280 bei den verschiedenen Schutzmaßnahmen

Überspannungsableiter sollen möglichst nahe an der Hausanschlußstelle installiert werden. Der Einbau erfolgt in der Regel nach dem Elektrizitätszähler. Viele Energieversorgungsunternehmen (EVU) lassen auch den Einbau vor dem Zähler zu, um auch diesen gegen unzuträgliche Überspannungen zu schützen. Die Erdungsleitung der Überspannungsableiter ist mit der Erdung der Verbraucheranlage (z.B. an der Potentialausgleichsschiene) zu verbinden.

In Netzen, in denen die Nullung als Schutzmaßnahme gegen zu hohe Berührungsspannung zugelassen ist, ist eine direkte Verbindung zum Nulleiter herzustellen (vgl. Bild 33). In Netzen, in denen die Nullung nicht zugelassen ist, ist auch am N-Leiter ein Überspannungsableiter anzubringen (vgl. Bild 34). Wird als Schutzmaßnahme gegen zu hohe Berührungsspannung eine FI-Schutzschaltung angewendet, so sind vier Überspannungsableiter im Leitungszugang vor dem FI-Schutzschalter einzubauen.

Einbaubeispiele des Überspannungsableiters VA 280 vor und nach dem Zähler für die gebräuchlichsten Schutzmaßnahmen gegen zu hohe Berührungsspannung (Nullung, FI-Schutzschaltung, Schutzerdung) zeigt Bild 35.

Vor dem Einbau des Überspannungsableiters VA 280 ist in jedem Falle eine Abstimmung mit dem für die elektrische Versorgung örtlich zuständigen Elektrizitätsunternehmen herbeizuführen.

Bild 36: Praktische Ausführung des Überspannungsableiters VA 280 (Foto: Fa. Dehn & Söhne)

In älteren Installationsanlagen, in denen das moderne Konzept des Potentialausgleichs nicht vollständig durchgeführt ist und die darüberhinaus hochohmig geerdet sind, kann es erforderlich sein, die Überspannungsableiter nach dem FI-Schutzschalter zu installieren. Damit ist sichergestellt, daß auch in dem äußerst seltenen Fall einer Ableiterüberlastung die zulässige Berührungsspannung in der Anlage nicht überschritten wird. Je nach Typ und Fabrikat können einzelne FI-Schutzschalter bereits durch geringe Stromstöße ausgelöst werden. In solchen Fällen ist der betreffende Schalter gegen einen stoßfesten FI-Schutzschalter auszuwechseln.

Überspannungsableiter VA 280, die von der Firma Dehn & Söhne, Neumarkt/Opf., angeboten werden (vgl. Bild 36), zeichnen sich durch ihr extrem großes Ableitvermögen aus, so daß auch höchste Überspannungen auf Werte herabgesetzt werden können, die für Anlagen und Geräte ungefährlich sind. Sie bestehen im Prinzip aus drei Teilen (vgl. Bild 37): der eingebauten Abtrennvorrichtung mit zweifacher Auslösecharakteristik, der Funkenstrecke und dem spannungsabhängigen Widerstand. Die Funkenstrecke ist außerordentlich leistungsstark und kann hohe Stoßströme verschweiß- und zerstörungsfrei führen. Kennzeichen des spannungsabhängigen Widerstands ist, daß an ihm auch bei hohen Stoßströmen nur Restspannungen auftreten, die für die nachgeschaltete Verbraucheranlage ungefährlich sind. Außerdem begrenzt er den aus dem Netz nachfließenden Folgestrom, so daß dieser von der Funkenstrecke innerhalb der ersten Halbperiode selbsttätig gelöscht wird.

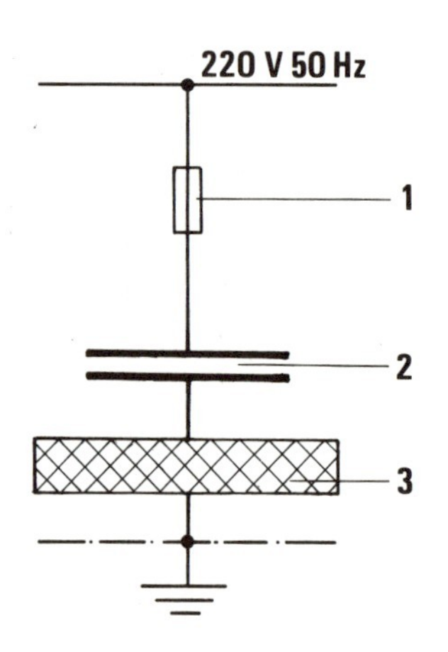

Bild 37: Funktionsprinzip des Überspannungsableiters VA 280

Die Spannung, bis zu der ein Überspannungsableiter nach vorherigem Ansprechen (z.B. durch den Nennableitstrom) wieder löscht, heißt Löschspannung. Die im ungestörten Betrieb am Ableiter maximal anliegende Netzspannung darf deshalb nicht höher als die Löschspannung sein. Hierbei spielt der Netzfolgestrom (Erdschlußstrom) keine Rolle.

Der Überspannungsableiter VA 280 zeichnet sich durch hohe Energieaufnahme und -ableitvermögen aus. Funkenstrecke und spannungsabhängiger Widerstand lassen einen hohen Energieumsatz — ca. 4000 Ws bei Stoßstrombeanspruchung — zu, so daß die im Netz vorkommenden Überspannungen ohne jegliche Gefährdung für den nachgeschalteten Verbraucher vom Überspannungsableiter abgeleitet werden. In seltenen Ausnahmefällen, z.B. bei direktem Blitzeinschlag, könnten Ableiterelemente zerstört werden, wodurch eine selbsttätige Löschung des aus dem Netz nachfolgenden Kurzschlußstromes nicht mehr möglich ist. In diesem Fall spricht die im Überspannungsableiter integrierte Abtrennvorrichtung an und trennt den defekten Überspannungsableiter ohne jegliche Funkenbildung nach außen vom Netz. Bild 38 zeigt den Aufbau der Abtrennvorrichtung.

Vom Netz getrennte Ableiter sind durch den hochgedrückten roten Signalknopf gekennzeichnet und müssen ausgewechselt werden. Im übrigen bleibt die elektrische Versorgung ungestört erhalten.

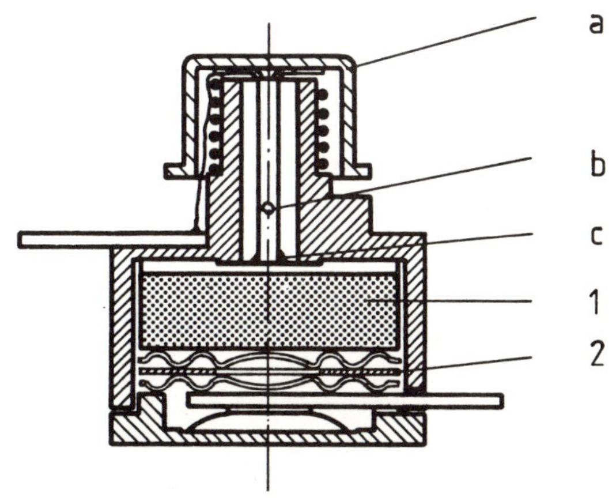

Bild 38: Abtrennvorrichtung des Überspannungsableiters VA 280
a roter Signalknopf zeigt Abtrennung an
b Lötstelle spricht bei etwa 5 A in 1 min. an
c Schmelzleiter spricht bei Kurzschlußströmen ab etwa 100 A an
1 spannungsabhängiger Widerstand
2 Funkenstrecke

Die aktiven Teile des Überspannungsableiters VA 280 sind in einem lichtbogenbeständigen Keramikblock eingebettet. Das Gehäuse besteht aus Makrolon und die Abmessungen sind den in der Installationstechnik üblichen Teilungseinheiten — 3 Modulen je 17,5 mm Breite — angepaßt. Der Überspannungsableiter besitzt eine Schnappbefestigung zur Schnellmontage auf Tragschienen (35 mm). Eine Befestigung mit Schrauben ist ebenfalls möglich.

Um die hohe Schutzwirkung des Überspannungsableiters zu erhalten, ist er auf möglichst kurzem Wege anzuschließen. Dabei sind die folgenden Mindestquerschnitte einzuhalten: Die Erdungsleitung erfordert einen Mindestquerschnitt von 10 mm^2 Cu. Die Verbindung zur elektrischen Anlage ist nach VDE 0100, § 41.2.2 (Kurzschlußschutz) anzulegen. Der Querschnitt der Anschlußleitung darf höchstens drei Stufen tiefer als der zugeordnete Querschnitt der nächstgelegenen Vorsicherung (z.B. Hausanschlußsicherung), jedoch nicht kleiner als 4 mm^2 Cu gewählt werden.

Die technischen Daten des Überspannungsableiters VA 280 entsprechen den Anforderungen nach VDE 0675, Teil 1/5.72 und lauten:

- Nennspannung U_N = 220 V, 50 Hz. Der Überspannungsableiter ist mithin für die üblichen Verbraucheranlagen 380/220 V konzipiert. Er wird jeweils zwischen Außenleiter und Erde geschaltet.
- Löschspannung $\hat{u}_L$ = 280 $V_{eff.}$, 50 Hz. Dies ist die höchste dauernd zulässige Spannung mit Betriebsfrequenz am Überspannungsableiter. Bei dieser Spannung wird der Netzfolgestrom noch unterbrochen.
- Nennableitstrom i_{sN} = 5 kA (8/20) ist der Scheitelwert des Stoßstromes 8/20, für dessen Ableitung der Ableiter bemessen ist. 8/20 besagt, daß die Stirnzeit 8 μsec, die Rückenhalbwertszeit des Stoßstromes 20 μsec beträgt.
- Restspannung $\hat{u}_r$ = 1,3 kV. Dies ist die maximal auftretende Spannung am Ableiter während eines Stromdurchgangs von 5 kA. Aus Ableitstoßstrom und Restspannung läßt sich die Schutzkennlinie ermitteln. Dieser Schutzkennlinie ist zu entnehmen, daß eine in die elektrische Anlage eindringende Gewitterüberspannung von z.B. 1,5 Millionen Volt auf eine Restspannung von 1400 V herabgesetzt wird.
- Hochstromstoß i_{sh} = 65 kA (4/10). Der Ableiter kann diesen Stoßstrom zweimal hintereinander ableiten, ohne Schaden zu nehmen. 4/10 besagt, daß die Stirnzeit 4 μsec, die Rückenhalbwertszeit 10 μsec beträgt.

Unterstellt man einen Stoßstrom von 65000 A infolge eines Blitzschlags, so ergibt sich bei Annahme eines ohm'schen Widerstandes von beispielsweise 2 Ω für eine Rotorsteuerleitung eine Spannung von 130000 V. Der Überspannungsableiter senkt die Spannung auf 3800 V — eine beachtliche Leistung des äußerlich kleinen Bauelements, die für die Verbraucheranlage von großem Nutzen ist. Da die Hälfte aller Blitze nicht mehr als 30 kA führt und Blitze mit 65 kA relativ selten vorkommen (10% Häufigkeit), können mit Hilfe eines Überspannungsableiters 90% aller direkten Blitzeinschläge in die elektrische Installationsanlage unschädlich gemacht werden. Der Einsatz von Überspannungsableitern als wirksames Mittel des inneren Blitzschutzes ist daher sehr zu empfehlen.

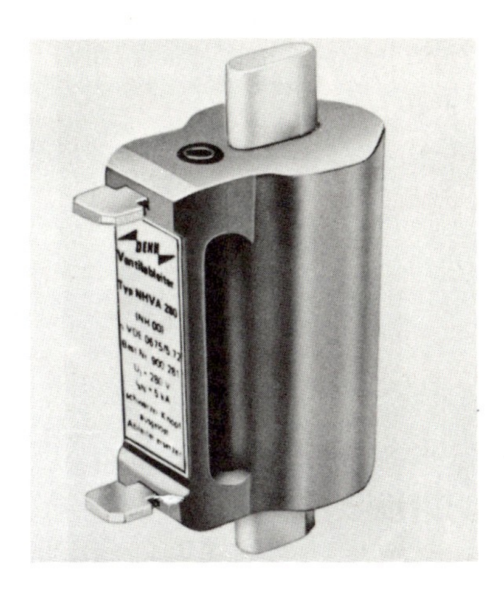

Bild 39: Überspannungsableiter NHVA 280 (Foto: Fa. Dehn & Söhne)

Bild 39 zeigt einen weiteren Überspannungsableiter der gleichen Firma und zwar den Typ NHVA 280.

Die technischen Daten dieses Überspannungsableiters entsprechen denen des VA 280. Gegenüber dem Überspannungsableiter VA 280 mit einem maximalen Anschlußquerschnitt von 16 mm^2 sind jedoch beim NHVA 280 entsprechend dem NH-Sicherungsteil (Größe 00) maximal 50 mm^2 Anschlußquerschnitt möglich. Die Abmessungen des NHVA 280 betragen 30 x 78,5 x 57 mm. Besondere Vorzüge des Bauteils sind die Möglichkeit der Installation in NH-Sicherungsteile der Größe 00, die Möglichkeit der Installation unter Spannung (durch Sicherungsaufsteckgriff), die Möglichkeit des Einbaus in Verteilungen (vgl. Bild 40), die integrierte Abtrennvorrichtung mit Defektanzeige (Signalstift). Es wird überdies ein verlängerter Signalstift für Sicherungsunterteile mit angebautem Meldeschalter zur Fernanzeige eines defekten, vom Netz getrennten Überspannungsableiters als Sonderbauform geliefert. Eine Verwechslung mit NH-Sicherungen ist nicht möglich, da der Überspannungsableiter NHVA 280 in einem roten Duroplastgehäuse untergebracht ist.

Bild 40: Überspannungsableiter NHVA 280 eingebaut in einer NV-Verteilung

3.7 Potentialausgleich

Nach VDE 0190/5.73 ist der Potentialausgleich für alle neuerrichteten elektrischen Verbraucheranlagen erforderlich. Der Potentialausgleich beseitigt Potentialunterschiede, d.h. er verhindert gefährliche Berührungsspannungen etwa zwischen dem Schutzleiter der Starkstromanlage und metallenen Wasser-, Heizungs- und Gasleitungen oder zwischen diesen Leitungen untereinander. In den Potentialausgleich sind überdies alle größeren Metallteile (z.B. Stahlskelette, Stahleinlagen in Beton, metallische Kabelmäntel, metallische Rohrleitungen im und am Erdboden, Metallfassaden und Eindeckungen, Antennen-, Fernsprech- und Rufanlagen) einzubeziehen.

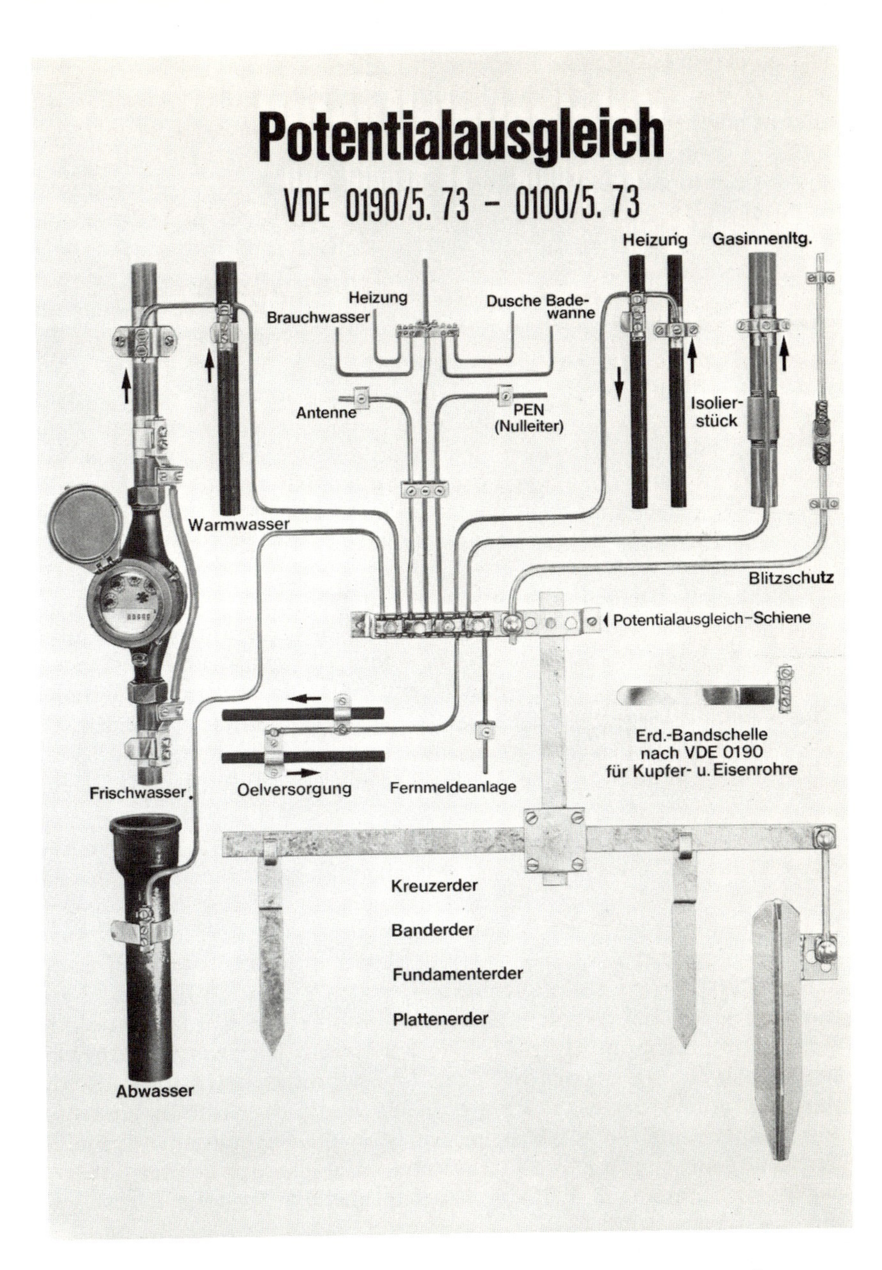

Bild 41: Potentialausgleich nach VDE 0190/5.73 — 0100/5.73

Um bei einem Blitzeinschlag unkontrollierte Überschläge in den Gebäudeinstallationen infolge des Spannungsabfalls am Erdungswiderstand auszuschließen, werden im Rahmen des Potentialausgleichs metallene Installationen, elektrische Anlagen, Blitzschutzanlage und Erdungsanlage über Leitungen, Trennfunkenstrecken und Überspannungsschutzgeräte miteinander verbunden. Dies geschieht in der Regel im Kellergeschoß des Gebäudes. Ist ein direkter Anschluß der in den Potentialausgleich einzubeziehenden Anlage aus Betriebs- oder Korrosionsgründen nicht möglich, so muß der Anschluß über eine Trennfunkenstrecke vorgenommen werden. Der Potentialausgleich zur Starkstromanlage wird mit Hilfe von Überspannungsableitern ausgeführt.

Wenn ein Gebäude für die elektrische Anlage oder die Blitzschutzanlage eine Erdung benötigt, so muß auch diese in den Potentialausgleich einbezogen werden. Hierzu bietet der Fundamenterder, der beide Aufgaben erfüllt, entscheidende Vorteile. Es handelt sich dabei um eine in das Gebäudefundament (Fundamentsohle) eingelegte Erdungsleitung, die als geschlossener Ring in den Außenmauern des Gebäudes verlegt wird.

Für die Schutzwirkung des Potentialausgleichs, d.h. die Verhinderung gefährlicher Berührungsspannungen, ist eine sorgfältige Ausführung wichtiger als der vielfach angestrebte niedrige Erdungswiderstand. Da jedoch andererseits die elektrische Starkstromanlage bestimmte Erdungswiderstände erforderlich macht, stellt der Fundamenterder, der gute Erdungswiderstände bei wirtschaftlicher und kostensparender Verlegung bietet, eine optimale und effektive Ergänzung zum Potentialausgleich dar.

Der umfassende Potentialausgleich ist bei baulichen Anlagen über 30 m Höhe auf jeweils 20 m Höhenzunahme zu wiederholen. Die Anschlüsse für den Potentialausgleich müssen einen guten und dauerhaften Kontakt aufweisen. Der Schutz gegen mechanische Beschädigungen muß gewährleistet sein. Die Anschlußklemmen müssen der VDE-Richtlinie 0609/4.76, die Erdungsrohrschellen der VDE-Richtlinie 0190 entsprechen. Potentialausgleichsleitungen müssen einen Kupferquerschnitt von mindestens 10 mm^2 (z.B. NYY 1 x 10 mm^2) aufweisen. Potentialausgleichsleitungen müssen nach den Querschnitten der Außenleiter der stärksten vom Hausanschlußkasten oder vom Unterverteiler ausgehenden Hauptleitung der elektrischen Anlage bemessen werden. Für die Potentialausgleichsleitung muß mindestens die elektrische Leitfähigkeit des Schutzleiters nach VDE 0100/5.73 Tabelle 9-2, Spalte 4 bzw. 5 gegeben sein:

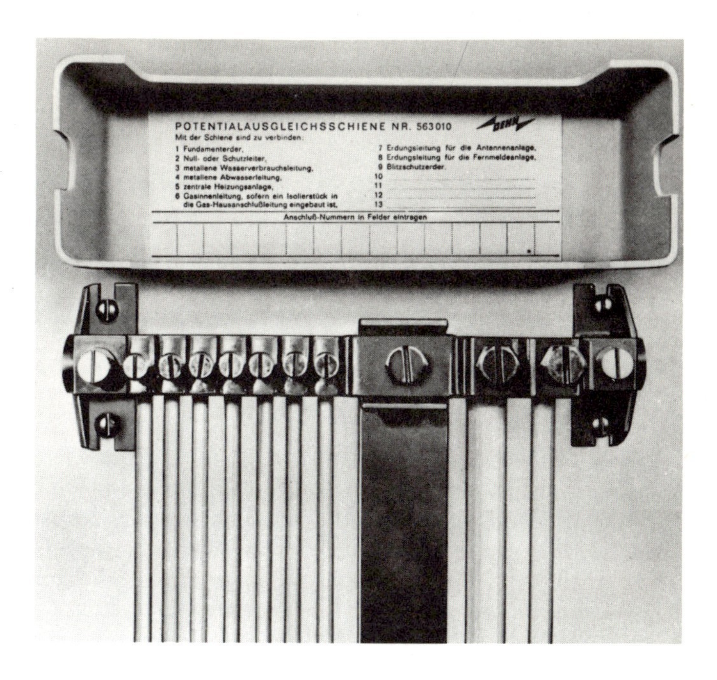

Bild 42: Potentialausgleichsschiene mit abgenommener Abdeckhaube

Außenleiter (mm^2)	16	25	35	50	70	95
Potentialausgleichs-leitung (mm^2)	10	16	16	25	35	50

Die Potentialausgleichsschiene muß alle in der Praxis vorkommenden Anschlußleitungen und Querschnitte kontaktsicher klemmen. Ein Haftetikett in der Abdeckhaube gestattet eine Kennzeichnung der einzelnen Klemmstellen und angeschlossenen Leiter.

An der Potentialausgleichsschiene sind anzuschließen:

- Null- oder Schutzleiter
- Fundamenterder
- Metallene Wasserverbrauchsleitungen
- Gasinnenleitungen
- Zentralheizungsanlage

- Erdungsleitung von Antennenanlagen
- Erdungsleitung von Fernmeldeanlagen
- Metallische Abwasserleitung
- Gegebenenfalls zusätzliche Erder (Blitzschutz)

Vor Inbetriebnahme der elektrischen Verbraucheranlage sind die Verbindungen auf ihre einwandfreie Beschaffenheit und ihre Wirksamkeit zu überprüfen.

3.8 Näherungen

Unter Näherung versteht man allgemein einen zu geringen Abstand zwischen der Blitzschutzanlage und der elektrischen Anlage und/oder metallischen Installationen.

Eine Eigennäherung liegt vor, wenn der Abstand D die Bedingung $D \geqq 1/20\ L$ nicht erfüllt (vgl. Bild 43). Diese Bedingung berücksichtigt die Gefahr eines Überschlags während des steilen Anstiegs des Blitzstromes. In Bild 43 links sind einige Beispiele von Eigennäherungen wiedergegeben. Eigennäherung kann an den Stellen auftreten, die durch den Abstand D gekennzeichnet sind. Die Leitungslänge L ist längs der Blitzschutzleitung bis zum Eintritt in den Erdboden definiert.

Eine Fremdnäherung (vgl. Bild 43 rechts) liegt vor, wenn der kleinste Abstand D der Metallteile gegenüber der Blitzschutzanlage an irgendeiner Stelle die Bedingung $D \geqq 1/5 \cdot R$ nicht erfüllt. Darin bedeuten:

D = Abstand (m)
R = Widerstand der Erdungsanlage (Ω)

Diese Bedingung berücksichtigt die Gefahr des rückwärtigen Überschlags als Folge des ohm'schen Spannungsabfalls, den der Blitzstrom am Erdungswiderstand hervorruft.

Können größere Metallteile nicht mit der Blitzschutzanlage verbunden werden, so ist zu prüfen, ob Fremdnäherung vorliegt. Der Abstand sollte bei mehreren Blitzschutzableitungen mindestens 0,5 m betragen. Ist nur eine Ableitung vorhanden, so soll der Abstand mindestens 1/10 der Leitungslänge der Verbindung zum nächsten Potentialausgleich betragen. Bei Fernmeldeleitungen und Kabeln ist ein Mindestabstand von 1 m erforderlich.

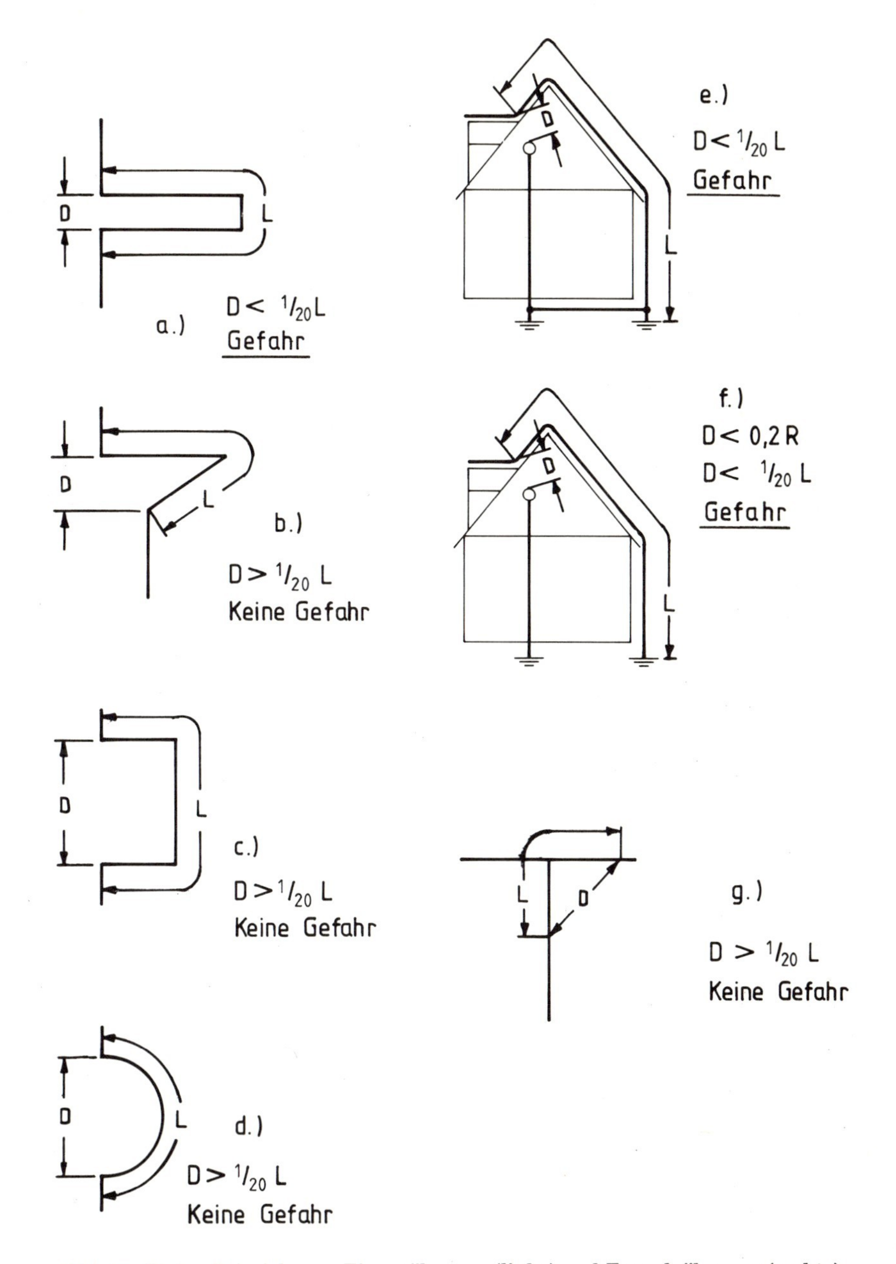

Bild 43: Einige Beispiele von Eigennäherung (links) und Fremdnäherung (rechts)

4 Erdungsanlagen

4.1 Grundbegriffe

Erde ist die Bezeichnung für die Erde als Ort wie als Stoff (z.B. Bodenart: Lehm, Kies, Humus, Sand usw.).

Die **Bezugserde** („neutrale Erde“) ist der Teil der Erde, insbesondere der Erdoberfläche außerhalb des Einflußbereichs eines Erders bzw. einer Erdungsanlage, in dem zwischen zwei beliebigen Punkten keine merklichen Spannungen aufgrund des Erdungsstroms auftreten.

Ein **Erder** ist ein Leiter, der in die Erde eingebettet ist und mit ihr in leitender Verbindung steht, oder ein Leiter, der in Beton eingebettet ist und mit der Erde großflächig in Berührung steht (z.B. Fundamenterder).

Eine **Erdungsanlage** ist eine örtlich abgegrenzte Gesamtheit miteinander leitend verbundener Erder oder in gleicher Weise wirkender Metallteile (z.B. Kabelmäntel, Bewehrung von Betonfundamenten usw.).

Eine **Erdungsleitung** ist eine Leitung, die einen zu erdenden Anlageteil mit einem Erder verbindet, soweit sie außerhalb des Erdreichs oder im Erdreich isoliert verlegt ist.

Ein **Oberflächenerder** ist ein Erder, der im allgemeinen in geringer Tiefe (bis ca. 1 m) eingebettet wird. Er kann z.B. aus Rund- oder Bandmaterial bestehen und als Strahlen-, Ring- oder Maschenerder oder als Kombination aus diesen ausgeführt werden.

Ein **Tiefenerder** ist ein Erder, der im allgemeinen lotrecht in größeren Tiefen eingebracht wird. Er kann z.B. aus Rund- oder anderem Profilmaterial bestehen.

Ein **natürlicher Erder** ist ein mit der Erde oder mit Wasser unmittelbar oder über Beton in Verbindung stehendes Metallteil, das als Erder wirkt, ohne von Hause dafür vorgesehen zu sein (Rohrleitungen, Bewehrung von Betonfundamenten usw.).

Ein **Fundamenterder** ist ein Leiter, der in Beton eingebettet ist, welcher mit der Erde großflächig in Berührung steht.

Ein **Steuererder** ist ein Erder, der nach Form und Anordnung eher der Potentialsteuerung als der Einhaltung eines bestimmten Ausbreitungswiderstandes dient.

Der **spezifische Erdwiderstand** ist der spezifische elektrische Widerstand der Erde.

Der **Ausbreitungswiderstand** R_A eines Erders ist der Widerstand der Erde zwischen dem Erder und der Bezugserde.

Blitzschutzerdung ist die Erdung einer Blitzschutzanlage zur Ableitung eines Blitzstroms in die Erde.

Die **Erdungsspannung** U_E ist die zwischen einer Erdungsanlage und der Bezugserde auftretende Spannung.

Das **Erdoberflächen-Potential** ist die Spannung zwischen einem Punkt der Erdoberfläche und der Bezugserde.

Die **Berührungsspannung** U_B ist der Teil der Erdungsspannung, der vom Menschen überbrückt werden kann, wobei der Stromweg im menschlichen Körper von Hand zu Fuß (waagerechter Abstand vom berührbaren Teil etwa 1 m) oder von Hand zu Hand verläuft.

Die **Schrittspannung** U_s ist der Teil der Erdungsspannung, der vom Menschen in einem Schritt von 1 m Länge überbrückt werden kann, wobei der Stromweg im menschlichen Körper von Fuß zu Fuß verläuft.

Potentialsteuerung ist die Beeinflussung des Erdpotentials, insbesondere des Erdoberflächenpotentials durch Erder.

Potentialausgleich für Blitzschutzanlagen ist die Verbindung metallischer Installationen und elektrischer Anlagen mit der Blitzschutzanlage über Leitungen, Trennfunkenstrecken oder Überspannungsschutzgeräte.

Korrosion ist die Reaktion eines metallischen Werkstoffes mit seiner Umgebung, die zu einer Beeinträchtigung der Eigenschaften des metallischen Werkstoffes und/oder seiner Umgebung führt. Die Reaktion ist in den meisten Fällen elektrochemischer Art.

4.2 Bestimmungen für Erdungsanlagen

Bestimmungen für Blitzschutzerder sind in den VDE-Richtlinien für das Errichten von Blitzschutzanlagen enthalten. Die Vereinigung Deutscher Elektrizitätswerke (VDEW) hat „Richtlinien für das Einbetten von Fundamenterdern in Gebäudefundamente“ veröffentlicht. Bei Verbindungen der Blitzschutzerde mit Erdungen in Wechselstromanlagen ist die VDE-Bestimmung 0141 („Bestimmung für Erdungen in Wechselstromanlagen für Nennspannungen über 1 kV“) zu beachten. Für Erdungen in Anlagen bis zu 1 kV gelten die VDE-Bestimmungen 0100 („Bestimmungen für das Errichten von Starkstromanlagen mit Nennspannungen bis 1 kV“), 0190 („Bestimmungen für das Einbeziehen von Rohrleitungen in Schutzmaßnahmen von Starkstromanlagen mit Nennspannungen bis 1000 V“) und 0151 („Bestimmungen für Werkstoffe mit Mindestabmessungen von Erdern bezüglich der Korrosion“ (in Vorbereitung)).

4.3 Belastbarkeit von Erdungsleitungen und Erdern

Nach VDE 0141 dürfen Erdungsleitungen und Erder bis zu einer Endtemperatur von 300°C belastet werden, wenn die dabei auftretende Entfestigung keine Rolle spielt und eine Schädigung der Erdungsleitung (z.B. bei verzinnten Leitungen und Leitungen mit Bleimantel) oder ihrer Umgebung nicht zu erwarten ist.

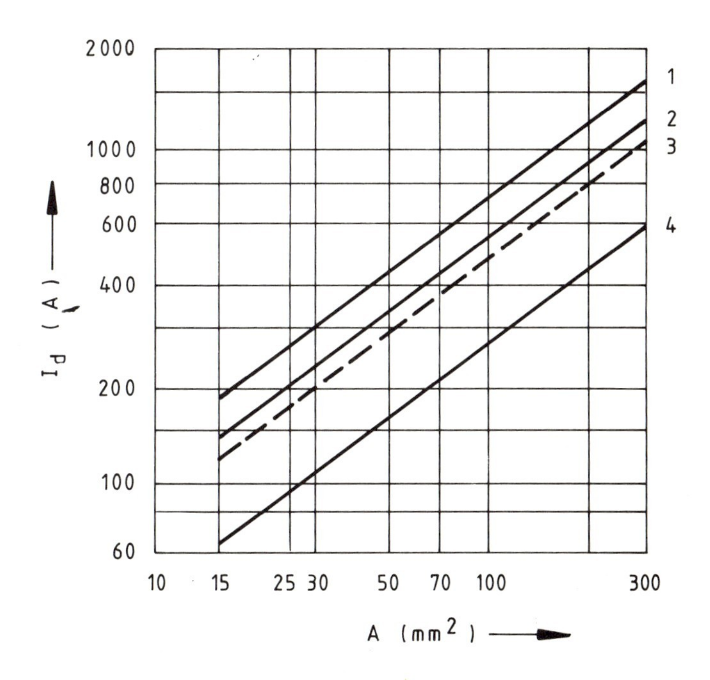

Bild 44: Zulässiger Dauerstrom I_d für Erdungsleitungen bei kreisförmigem Querschnitt A

Die Bilder 44 und 45 zeigen den zulässigen Dauerstrom I_d (A) in Abhängigkeit vom Querschnitt der verschiedenen Erderwerkstoffe. Darin bedeuten:

(1) Kupfer, blank bei 300° C zulässiger Endtemperatur
(2) Kupfer, verzinnt oder mit Bleimantel bei 150° C zulässiger Endtemperatur
(3) Aluminium bei 300° C zulässiger Endtemperatur
(4) Stahl, verzinkt bei 300° C zulässiger Endtemperatur.

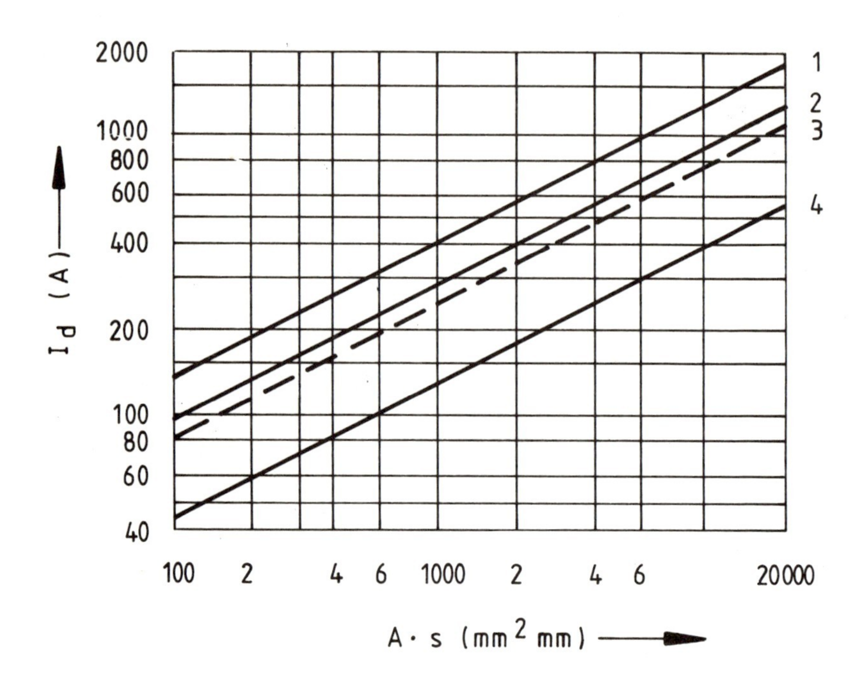

Bild 45: Zulässiger Dauerstrom I_d für Erdungsleitungen bei rechteckförmigem Querschnitt in Abhängigkeit vom Produkt aus Querschnitt x Profilumfang (A · s)

4.4 Ausführung von Erdungsanlagen

Für jede Blitzschutzanlage ist nach den VDE-Blitzschutz-Richtlinien eine eigene Erdungsanlage erforderlich, die auch ohne Mitverwendung von metallischen Wasserleitungen oder geerdeten Leitern der elektrischen Anlage unabhängig voll funktionsfähig sein muß.

Die Größe des Ausbreitungswiderstandes R_A ist für den Blitzschutz eines Gebäudes oder einer Anlage von untergeordneter Bedeutung.

Wichtig ist dagegen, daß in der Erdebene der Potentialausgleich durchgeführt ist und der Blitzstrom im Erdreich gefahrlos verteilt wird. Das zu schützende Objekt wird durch den Blitzstrom i auf die Erdungsspannung U_E gegenüber der Bezugserde angehoben.

Es gilt dann:

$$U_E = i \cdot R_A + \frac{1}{2} L \frac{di}{dt}$$

Das Erdoberflächenpotential nimmt mit zunehmender Entfernung vom Erder ab. Der induktive Spannungsabfall am Erder während des Stromanstiegs ist nur bei ausgedehnten Erdungsanlagen, z.B. langen Oberflächenerdern, die in schlecht leitenden Böden mit felsigem Untergrund notwendig sind, zu berücksichtigen.

Gegenüber isoliert in das Gebäude geführten Leitungen tritt die Erdungsspannung U_E in voller Höhe auf. Um die Gefahr eines Durch- oder Überschlags zu vermeiden, müssen solche Leitungen daher im Rahmen des Potentialausgleichs über Trennfunkenstrecken (im Falle spannungsführender Leitungen über Überspannungsableiter) mit der Erdungsanlage verbunden oder ein entsprechend niedriger Ausbreitungswiderstand hergestellt werden. In der Praxis werden beide Maßnahmen zugleich angewendet. Um die Berührungs- oder Schrittspannungen möglichst niedrig zu halten, kann es ebenfalls erforderlich sein, den Ausbreitungswiderstand zu begrenzen.

Für den Ausbreitungswiderstand sind in den Blitzschutz-Richtlinien derzeit keine Höchstwerte festgelegt. Ist der Potentialausgleich konsequent durchgeführt, so wird im allgemeinen kein bestimmter Ausbreitungswiderstand gefordert. Kann der Potentialausgleich nicht durchgeführt werden, so beträgt der höchstzulässige Ausbreitungswiderstand der Erdungsanlage

$$R_A \leqq 5 \cdot D$$

Darin bedeuten:

R_A = Ausbreitungswiderstand (Ω)
D = Abstand zwischen der Blitzschutzanlage und nicht angeschlossenen Rohrleitungen, elektrischen Anlagen usw. (m)

Fundamenterder sind nach den Richtlinien der VDEW für das Einbetten in Gebäudefundamente zu konzipieren. Als Erder kann entweder verzinkter Bandstahl (30 x 3,5 mm; 25 x 4 mm) oder verzinkter Rundstahl von mindestens 10 mm Ø verwendet werden.

Oberflächenerder sind in mindestens 0,5 m Tiefe zu verlegen. Als Einzelerder sind je nach Ableitung entweder Oberflächenerder mit 20 m Länge oder Tiefenerder von 9 m Länge in etwa 1 m Abstand vom Fundament zu verlegen. Der Ausbreitungswiderstand eines Erders beim Durchfluß von Stoßströmen ist keine konstante Größe, sondern entsprechend der Impulsform des Stoßstromes zeitabhängig, und dies um so mehr, je schlechter die Leitfähigkeit des Bodens und je länger der Erder ist.

Ein Erder ist ein Kettenleiter aus Widerstand, Induktivität und Kapazität. Erder bis zu etwa 20 m Länge können unter praktischen Bedingungen als konzentriert und nur mit ihrem ohm'schen Erdungswiderstand wirksam gelten.

Bei längeren Strahlenerdern ist während eines Stromanstiegs deren Induktivität zu berücksichtigen. Bei Beanspruchung mit einer rechteckigen Stoßspannung wirkt zunächst der Wellenwiderstand des Erders mit ca. 150—200 Ω, der erst nach einigen Mikrosekunden in den ohm'schen Ausbreitungswiderstand übergeht.

4.5 Vergleich der Erderarten

Plattenerder sind wegen ihres hohen Ausbreitungswiderstands in der Regel unwirtschaftlich. Oberflächenerder sind immer dann von Vorteil, wenn die oberen Schichten des Erdbodens einen kleineren spezifischen Widerstand aufweisen als der Untergrund. Bei felsigem oder steinigem Untergrund sind die Oberflächenerder oftmals die einzige Lösungsmöglichkeit. Bei relativ homogenem Erdreich, in dem der spezifische Erdwiderstand an der Oberfläche und in der Tiefe annähernd gleich groß ist, liegen die Gestehungskosten für Oberflächen- und Tiefenerder bei gleichem Ausbreitungswiderstand etwa in derselben Höhe. Für den Tiefenerder ist nach Bild 46 nur die Hälfte der Länge des Oberflächenerders erforderlich. Zeigt das Erdreich in der Tiefe eine bessere Leitfähigkeit als an der Oberfläche (z.B. aufgrund von Grundwasser), so ist ein Tiefenerder in der Regel wirtschaftlicher als ein Oberflächenerder. Die Frage kann im Einzelfall allein durch die Messung des spezifischen Erdwiderstandes in der Tiefe entschieden werden. Da mit Hilfe eines Tiefenerders ohne Grabarbeiten und Flurschäden bei geringem Montageaufwand sehr gute konstante Ausbreitungswiderstände erzielt werden können, eignet sich dieser Erdertyp sehr gut zur Verbesserung bereits

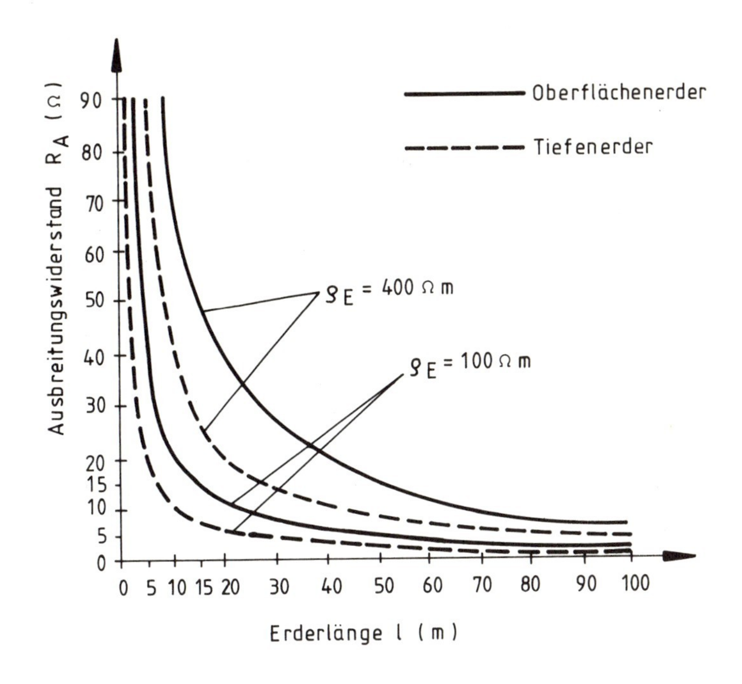

Bild 46: Ausbreitungswiderstand R_A von Oberflächen- und Tiefenerdern in Abhängigkeit von der Erderlänge l

bestehender Erderanlagen. Das Eintreiben des Tiefenerders geschieht mit Hilfe eines Vibrations- bzw. eines Vorschlaghammers. Bei der Benutzung eines Vorschlaghammers ist darauf zu achten, daß der Zapfen des Tiefenerders nicht beschädigt wird, damit die sichere Verbindung des nächstfolgenden Stabes gewährleistet bleibt. Mit dem Tiefenerder werden gleichbleibende Widerstandswerte erzielt, da er in Erdschichten vordringt, die von jahreszeitlichen Temperatur- und Feuchtigkeitsschwankungen unberührt bleiben. Durch die Feuerverzinkung der Tiefenerder (Zinkschichtdicke 70 μm) wird eine hohe Korrosionsbeständigkeit erreicht. Bild 47 zeigt einen Tiefenerder mit Schlagspitze, selbstschließender, korrosionsfester Kupplung und Erderanschlußklemme für Rund- und Bandleiter.

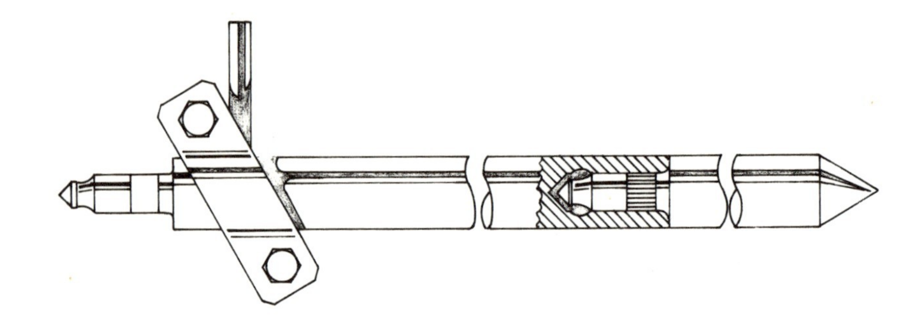

Bild 47: Tiefenerder mit Schlagspitze, selbstschließender, korrosionsfester Kupplung und Erderanschlußklemme für Rund- und Bandleiter

4.6 Potentialsteuerung

Bei besonders blitzgefährdeten Anlagen (z.B. einem Antennenmast) sind Maßnahmen gegen eine Gefährdung durch Berührungs- und Schrittspannungen erforderlich. Hierzu ist eine Potentialsteuerung des Standortes sinnvoll, wenn das Widerstandsgefälle auf der Erdoberfläche im zu schützenden Bereich nicht mehr als etwa 1 Ω/m beträgt. Bei Kies- oder Sandboden ohne Bewuchs genügen 2 Ω/m.

Bild 48 gibt tendenziell die Meßergebnisse zweier parallelgeschalteter Kreisbanderder wieder. Bei der Potentialsteuerung mit Hilfe von Erdern ist darauf zu achten, daß sowohl die Grenzen für die Berührungsspannung U_B als auch die Grenzen für die Schrittspannung U_S eingehalten werden. Bei E_1 ist die Berührungsspannung kleiner als bei E_2, die maximale Schrittspannung dagegen deutlich größer. Durch Parallelschaltung von E_1 und E_2 wird eine weitere Absenkung der Berührungsspannung erreicht. Die Schrittspannung liegt dabei niedriger als bei E_1.

Die Widerstands- oder Spannungsverteilungskurve kann durch die Eingrabtiefe des Erders erheblich beeinflußt werden. Jede schlechter leitende Erdschicht über einer gut leitenden Erdschicht hat zur Folge, daß die Widerstandsverteilungskurve so beeinflußt wird, als ob der Erder tiefer vergraben wäre. Die Spannungsverteilungskurve kann auf dem Erdboden bei Tiefenerdern wesentlich verflacht werden, wenn das oberste Teilstück in ca. 1,5 m Tiefe mit einer isolierten Anschlußleitung heraus-

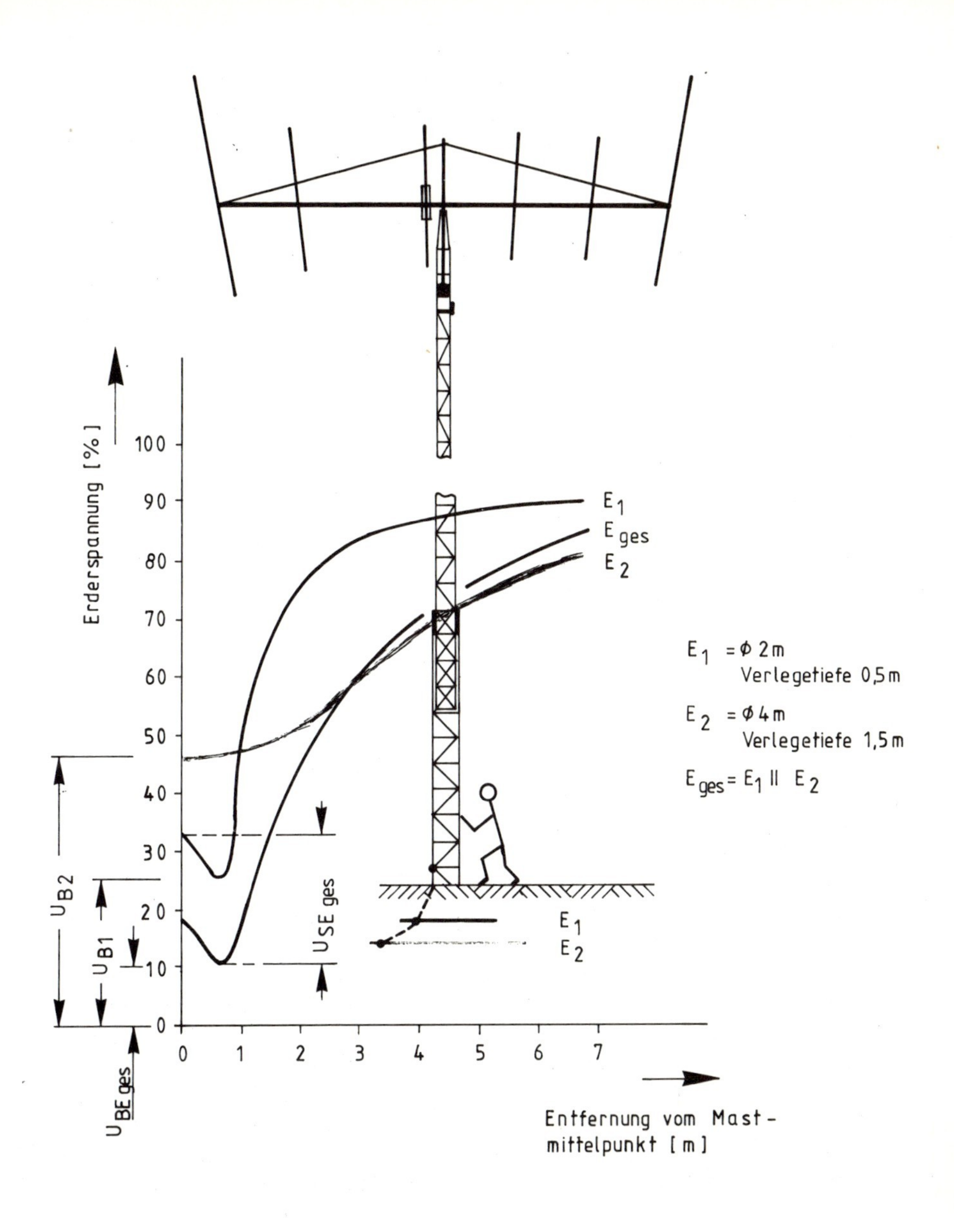

Bild 48: Potentialsteuerung mit parallel geschalteten Kreisbanderdern

geführt wird. Außer durch verschiedene Eingrabtiefen und isolierte Erderanschlüsse kann eine Potentialsteuerung durch Parallelschaltung verschieden tief vergrabener Erder auch in schlecht leitenden Erdböden bewirkt werden.

4.7 Auswahl der Erderwerkstoffe

Metalle, die unmittelbar mit Wasser oder mit dem Erdboden in Berührung stehen, können durch Streuströme, aggressiven Erdboden und Elementbildung korrodiert werden. Eine klare elektrische Trennung anodisch wirkender Erder von anderen als Erder und Kathoden wirkenden Anlagen zur Verhinderung dieser Elementbildung ist nur selten möglich. Der Zusammenschluß aller Erder auch mit anderen im Erdreich in Verbindung stehenden metallenen Anlagen erbringt einen konsequenten Potentialausgleich und damit ein Optimum an Sicherheit gegen Überspannungen im Fehlerfall und bei Blitzeinwirkung. Korrosionsgefahr kann durch die Wahl geeigneter Erderwerkstoffe vermieden bzw. verringert werden.

4.7.1 Feuerverzinkter Stahl

Feuerverzinkter Stahl zeigt in fast allen Bodenarten eine hohe Beständigkeit. Das ist darin begründet, daß in den Eisen-Zink-Legierungsschichten und der nach außen abschließenden Reinzinkschicht eine Neigung zur Deckschichtbildung besteht. Im Verlauf einer Außenwitterungsperiode von 6—12 Monaten bildet sich eine wasserunlösliche Deckschicht, die sog. Zinkpatina. Für die Bildung der schützenden Zinkpatina ist eine ungehinderte Belüftung der Zinkschicht erforderlich. Ist die feuerverzinkte Oberfläche allein der Einwirkung von stillstehender Luft ausgesetzt (z.B. bei engen Stapeln, oder wenn die verzinkten Stahlleitungen auf feuchtem Boden — Sand, Ton, Gras — stehen), so kann sich die Zinkpatina nur in ungenügendem Maße bilden. An ihrer Stelle entsteht ein als „Weißrost“ bekanntes Zinkoxidhydrat, das bereits nach relativ kurzer Zeit eine Verwitterung der Reinzinkschicht zur Folge haben kann, so daß die dunkelgrauen bis schwarzen Eisen-Zink-Legierungsschichten freigelegt werden. Auch in diesem Stadium ist jedoch noch ein ausreichender Schutz der Stahloberfläche gegeben. Feuerverzinkter Stahl ist auch für die Einbettung in Beton geeignet. Fundamenterder, Erdungs- und Potentialausgleichsleitungen aus verzinktem Stahl dürfen in Beton mit Bewehrungseisen verbunden werden.

4.7.2 Stahlrunddraht mit Bleimantel

Stahlrunddraht mit Bleimantel ist ein verhältnismäßig neuer Werkstoff. Mit dem Erdreich kommt allein der Bleimantel in Berührung. Blei neigt zu einer guten Deckschichtbildung und ist daher in vielen Bodenarten beständig. In stark alkalischer Umgebung kann es jedoch gelegentlich zu Korrosionserscheinungen kommen.

Das Potential des Bleimantels im Erdboden liegt zwischen dem von Kupfer und Stahlbeton auf der einen, Eisen und Zink auf der anderen Seite. Der Bleimantel wird weder von den „edleren" Werkstoffen angegriffen, noch wirkt er korrodierend auf andere Teile aus Eisen oder verzinktem Stahl im Erdreich.

Gute Erfahrungen mit Bleimänteln liegen seit Jahrzehnten bei Bleimantelkabeln in der Nachrichten- und Energiekabeltechnik vor. Bleimantelkabel haben sich bei unterschiedlichen Bodenarten unter harten Bedingungen bewährt.

4.7.3 Blankes Kupfer

Blankes Kupfer ist aufgrund seiner Stellung in der elektrolytischen Spannungsreihe sehr beständig. Hinzu kommt, daß es beim Zusammenschluß mit Erdern oder anderen Anlagen im Erdboden aus unedleren Werkstoffen (z.B. Stahl) zusätzlich kathodisch geschützt wird (dies allerdings auf Kosten der unedleren Metalle).

4.7.4 Kupfer mit Bleimantel

Auch Kupfer mit Bleimantel ist ein relativ junger Werkstoff. Er nutzt die gute Leitungsfähigkeit des Kupfers, die sich besonders bei hohem Stromfluß in der Erdungsanlage günstig auswirkt. Mit dem Erdboden kommt allein der Bleimantel in Berührung.

4.7.5 Stahl mit Kupfermantel

Dieser gleichfalls neue Werkstoff sei nur der Vollständigkeit halber erwähnt. Das Kupfer des Mantels ist aufgrund seiner Stellung in der elektrolytischen Spannungsreihe sehr beständig. Es besteht ein zusätzlicher kathodischer Schutz, sofern der Kupfermantel intakt ist. Eine Beschädigung des Kupfermantels würde eine erhöhte Korrosionsgefahr für den Stahlkern zur Folge haben und ist daher in jedem Falle zu vermeiden.

4.7.6 Hinweise für den Zusammenschluß von Erdern aus verschiedenen Werkstoffen und von Erdern mit anderen unterirdischen Anlagen

Bei einer metallisch leitenden Verbindung zwischen im Erdboden befindlichen Metallen mit unterschiedlichen Metall-Elektrolyt-Potentialen besteht wegen der möglichen hohen wirksamen Elementspannung eine besonders starke Korrosionsgefahr für die Metalle mit negativen Potentialwerten. Tabelle III faßt einige Werte für im Erdboden verwendete Metalle (gemessen gegen Kupfer/Kupfer-Sulfat-Elektrode) zusammen.

Tabelle III: Potentialwerte im Erdboden verwendeter Metalle (gemessen gegen Kupfer/Kupfer-Sulfat-Elektrode)

Metalle	V 4A	Kupfer	Blei	Eisen	Zink
Potential im Erdboden (V)	0 ... +0,3	0 ...−0,1	−0,4 ...−0,5	−0,5 ... −0,7	−0,9 ... −1,1

Wenn die folgenden Grundsätze beachtet werden, können Korrosionsschäden weitgehend vermieden, zumindest jedoch erheblich verringert werden.

Erder aus Kupfer oder aus Stahl mit Kupfermantel dürfen nicht unmittelbar mit Erdern aus (unedleren) elektronegativeren Werkstoffen (z.B. verzinktem Stahl) oder mit anderen erdverlegten Anlagen aus Stahl (z.B. umhüllten Rohrleitungen) verbunden werden.

Blei hat gegenüber Kupfer ein erheblich negativeres Potential. Im Erdboden entspricht es etwa dem Wert von Stahl. Kupfer mit Bleimantel oder Stahl mit Bleimantel können deshalb mit Erdern aus verzinktem Stahl und anderen erdverlegten Anlagen aus Stahl verbunden werden, ohne daß größere Korrosionen zu befürchten sind.

Die Stahlbewehrung von Betonfundamenten weist ein sehr positives Potential (ähnlich wie Kupfer) auf. Erder und Erdungsleitungen, die unmittelbar mit der Bewehrung von großen Stahlbetonfundamenten verbunden werden, sollten deshalb einen Bleimantel aufweisen und nicht aus verzinktem Stahl bestehen. Dies gilt vor allem auch für kurze Verbindungsleitungen in unmittelbarer Nähe der Fundamente. Die Teile des Bleimantels, die in Beton gebettet werden, müssen gegen Korrosion durch eine feuchtigkeitsbeständige Umhüllung (z.B. Butyl-Kautschuk-Band) geschützt werden.

4.7.7 Hinweise für zusätzliche Korrosionsschutzmaßnahmen bei Blitzschutz- und Erdungsanlagen

Die Auswahl des Werkstoffs und der Oberflächenvergütung richtet sich nach dem zu erwartenden Korrosionsangriff. Bei der Verlegung der Bauteile müssen Maßnahmen für einen zusätzlichen Korrosionsschutz getroffen werden. Durch geeignete Anstriche, korrosionsfeste Umhüllung mit Kunststoff oder Schutzbinden sind zu schützen:

1. Schnittflächen und Verbindungsstellen verzinkter Stahlleitungen.
2. Verbindungen in engen Schlitzen und Fugen, in abgeschlossenen, nicht zugänglichen Hohlräumen und feuchten Räumen.
3. Erdeinführungen von der Oberfläche an nach oben und unten auf einer Länge von mindestens 30 cm.
4. Unterirdische Leitungsverbindungen.

4.7.8 Einbau von Trenn-/Koppel-Funkenstrecken

Die leitende Verbindung zwischen erdverlegten Anlagen mit stark unterschiedlichen Potentialen kann durch den Einbau von Trenn-/Koppel-Funkenstrecken unterbrochen werden. Dies verhindert im Normalfall den Fluß von Korrosionsströmen. Bei Auftreten einer Überspannung spricht die Trenn-/Koppel-Funkenstrecke an und verbindet die Anlage für die Dauer der Überspannung miteinander.

Bei Schutz- und Betriebserdern dürfen allerdings keine Trennstellen installiert werden, weil diese Erder stets mit den Betriebsanlagen verbunden sein müssen.

4.8 Messungen an Erdungsanlagen

Die Wirksamkeit einer Erdungsanlage hängt außer von ihrer richtigen Bemessung und Ausführung, von ihrer Wartung, ihrer Lebensdauer und von der Korrosion im Erdreich ab. Daher müssen Erdungsanlagen regelmäßig meßtechnisch überwacht werden. Zur meßtechnischen Überwachung von Erdungsanlagen werden in der Regel Erdungsmeßbrücken verwendet, die eine schnelle und unmittelbare Messung von Erdungswiderständen ermöglicht. Der Erdungswiderstand wird nach dem Verfahren des Spannungsvergleichs (Wechselstrom-Kompensationsverfahren) mit einem Nullinstrument (Erdungsmeßbrücke) gemessen. Darüberhinaus ist die meßtechnische Bestimmung des Erdungswiderstands mit Hilfe eines

Strom-Spannungs-Meßverfahrens möglich. Beide Meßverfahren sollen im folgenden eingehender beschrieben werden.

4.8.1 Allgemeines zur Messung des Erdungswiderstandes

Zur Messung von Erdungswiderständen verwendet man eine Erdungsmeßbrücke, eine Sonde und einen Hilfserder. Der Erdungswiderstand setzt sich aus dem ohm'schen Widerstand der Zuleitung, dem Übergangswiderstand zwischen Erder und Erdreich und dem Ausbreitungswiderstand des Erders zusammen. Die beiden ersten Widerstände sind im Normalfall zu vernachlässigen. Lediglich in Ausnahmefällen, wenn sich etwa durch Oxydation schlecht leitende Schichten an der Oberfläche des Erders gebildet haben, kann der zweite Widerstand die Wirkung des Erders beeinträchtigen. Der Ausbreitungswiderstand des Erders ist die wichtigste Größe. Zur Erklärung dient Bild 49 oben. Über den Erder E und einen in größerer Entfernung von diesem befindlichen Hilfserder HE fließt ein Strom I aus dem Generator G. Mißt man mit Hilfe eines Voltmeters V und einer Sonde S die Spannung an der Erdoberfläche, so ergibt sich der in Bild 49 mitte dargestellte Spannungsverlauf. Aus dem Diagramm ist ersichtlich, daß in der Nähe des Erders bzw. des Hilfserders ein starkes Spannungsgefälle auftritt, während in größerer Entfernung von den Elektroden die Spannung konstant bleibt. Auf dieser Kurve hat der Widerstand des Erders im Punkt P nahezu seinen Maximalwert erreicht. Wenn man sich noch weiter von E entfernt, steigt er nurmehr unwesentlich an. Tastet man nun die Erdoberfläche vom Punkt P ausgehend kreisförmig um den Erder als Mittelpunkt ab, so sieht man, daß dieser Kreis unter der Voraussetzung von homogenem Erdreich überall das gleiche Potential aufweist (vgl. Bild 49 unten). Man spricht daher von Spannungstrichtern um die Elektroden.

Für die Messung des Erdungswiderstandes ist diese Erkenntnis von großer Bedeutung. Die Elektroden müssen immer in einem solchen Abstand voneinander gesetzt werden, daß sich ihre Spannungstrichter weder berühren noch überschneiden. Dabei ist anzunehmen, daß nicht allein die stromführenden Elektroden, sondern auch die Sonde einen solchen Spannungstrichter besitzt. Handelt es sich nicht um einen Staberder, sondern um einen Erder mit größerer Ausdehnung in horizontaler Richtung, so ändert auch der Spannungstrichter seine Form. Vor der Durchführung einer Erdungsmessung ist es stets notwendig, sich über Form und Lage des Erders genau zu informieren. Ferner sollen in dem Raum zwischen Erder, Hilfserder und Sonde keine Metallteile größeren

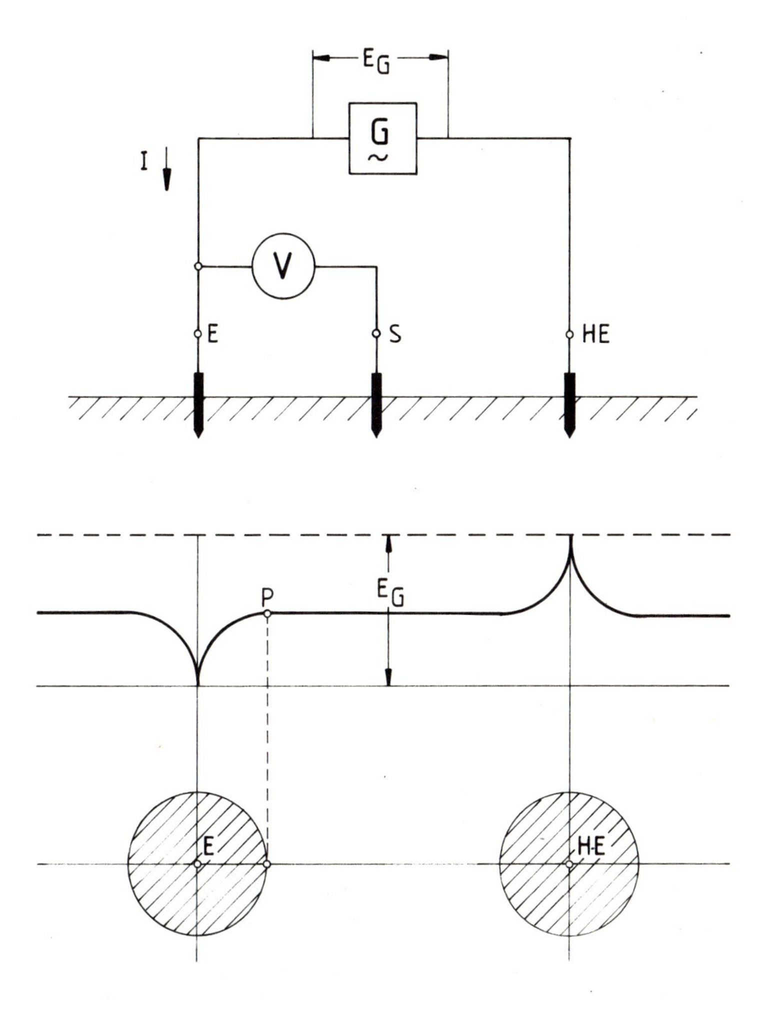

Bild 49: Der Erdungswiderstand und seine Messung

Ausmaßes (z.B. Rohrleitungen oder andere Erdungsanlagen) im Erdreich leitend eingebettet sein.

Als Durchmesser des Spannungstrichters wird praktisch die 3- bis 5-fache Ausdehnung der Elektrode angenommen. Dabei ist unter der Ausdehnung der Elektrode bei Stab-, Band- und Strahlenerdern deren Länge, bei Platten- und Maschenerdern deren Diagonale, bei Ringerdern deren Durchmesser zu verstehen. Die Materialstärken bzw. Stabdurchmesser sind für die Ermittlung des Erdungswiderstands praktisch zu vernachlässigen.

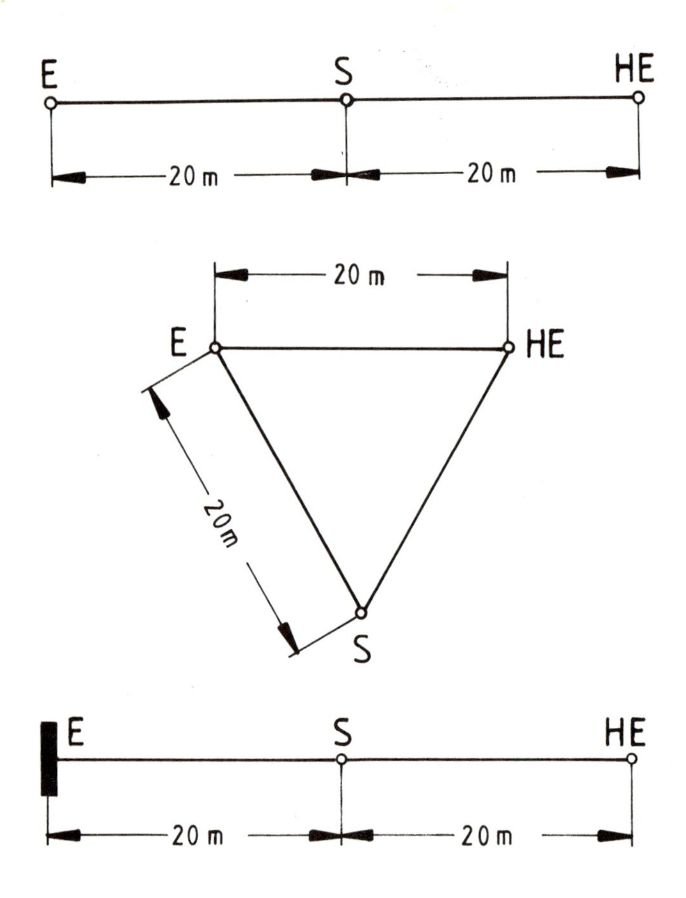

Bild 50: Praktische Möglichkeiten der Anordnung der Elektroden bei der Messung des Erdungswiderstandes

Praktische Möglichkeiten der Anordnung der Elektroden veranschaulicht Bild 50. Erder, Hilfserder und Sonden können auch in einer Geraden angeordnet werden (Bild 50 oben). Dabei muß die Sonde zwischen Erder und Hilfserder liegen. Mit geringeren Leitungslängen ist auszukommen, wenn man die Elektroden in Form eines annähernd gleichseitigen Dreiecks anordnet (vgl. Bild 50 mitte). Bild 50 unten endlich zeigt die Anordnung der Elektroden für einen Banderder. Die angegebenen Entfernungen sind mittlere Werte, die sich in praktischen Ausführungsfällen ergeben. Können aus Platzgründen nur wesentlich kleinere Abstände der Elektroden eingehalten werden oder ist es aus anderen Gründen zweifelhaft, ob die gewählten Abstände ausreichen, so ist es notwendig, den gegenseitigen Abstand der Elektroden zu verändern und die Messung mehrfach zu wiederholen. Sind die Meßergebnisse annähernd gleich, so ist dies ein Zeichen, daß die gewählten Abstände ausreichend sind.

Die Messung des Erdungswiderstandes darf nicht mit Gleichstrom ausgeführt werden, weil dabei das Meßergebnis durch Polarisationserscheinungen gänzlich verfälscht werden könnte. Um dieser Gefahr zu begegnen und um mögliche Störeinflüsse durch vagabundierende Erdströme zu vermeiden, wählt man Wechselstrom mit einer von der üblichen Netzfrequenz (und deren Vielfachen) abweichenden Frequenz.

4.8.2 Der Erdungsmesser und sein Funktionsprinzip

Bild 51 stellt schematisch das Meßprinzip eines Erdungsmessers dar. Dabei sind die Widerstände des Erders, des Hilfserders und der Sonde als drei Widerstände dargestellt, die durch eine gemeinsame ideale Erde verbunden erscheinen. Aus dem Generator G fließt ein Wechselstrom I durch das Meßpotentiometer P über den Erder E_1 mit dem Widerstand R_E und den Hilfserder HE mit dem Widerstand R_H. Dieser Meßstrom ruft an R_E einen Spannungsabfall E hervor. Mit Hilfe der Sonde S wird der zweite Pol dieser Spannung abgegriffen. Nimmt man nun an, daß der Wandler Tr das Übersetzungsverhältnis 1:1 habe und der Widerstand $P = R_E$ sei, so ruft der Meßstrom an P einen Spannungsabfall E_p hervor, dessen Phasenlage mit Hilfe des Wandlers um 180° gedreht wird. Dem Nullinstrument N wird die Differenz der Spannungen $E - E_p$ zugeführt. Nun verstellt man P so lange, bis $E = E_p$ ist, das Instrument also 0 anzeigt. Das Potentiometer P kann demnach eine Teilung in Widerstandswerten von R_E erhalten. Das Meßergebnis ist unabhängig von der Größe des Meßstromes I. Die Meßbereichsumschaltung kann durch stufenweises Verändern des Wandlerübersetzungsverhältnisses erfolgen. Der

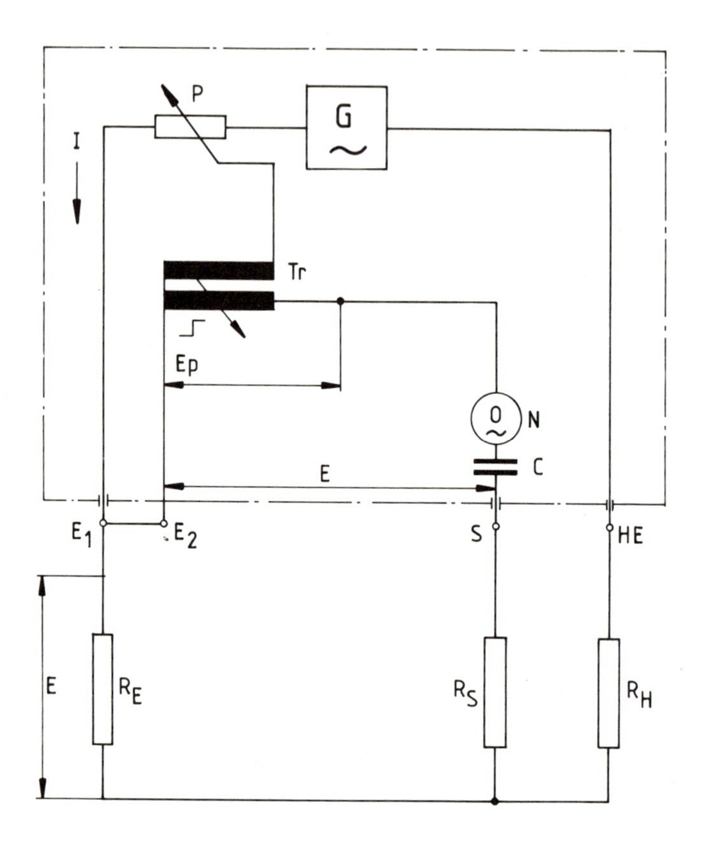

Bild 51: Meßprinzip eines Erdungsmessers

Widerstand R_H des Hilfserders beeinflußt wohl die Größe des Meßstroms und damit die Empfindlichkeit der Messung, ist jedoch nahezu ohne Einfluß auf die Genauigkeit des Meßergebnisses. Das Gleiche gilt für den Erdungswiderstand R_S der Sonde.

Die Bilder 52 und 53 zeigen Schaltung und Aufbau eines handelsüblichen Erdungsmessers zur Messung von Erdungs- und ohm'schen Widerständen sowie spezifischen Bodenwiderständen. Ein transistorbestückter Generator erzeugt die Meßwechselspannung. Die Generatorspannung beträgt etwa 60 Vss. Die Frequenz ist zwischen 100 und 150 Hz einstellbar. Als Meßleistung steht ca. 1 W zur Verfügung. Als Spannungsquelle der Transistorschaltung dienen zwei in Serie geschaltete Flach-

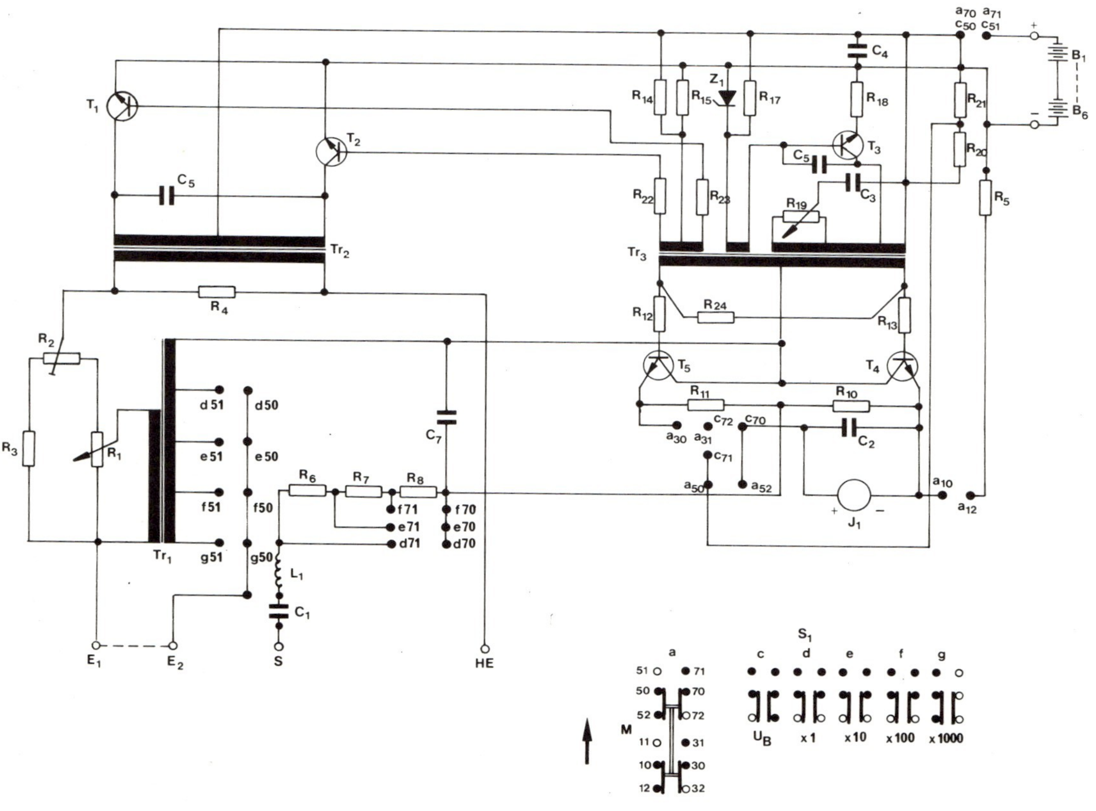

Bild 52: Schaltbild eines handelsüblichen Erdungsmessers

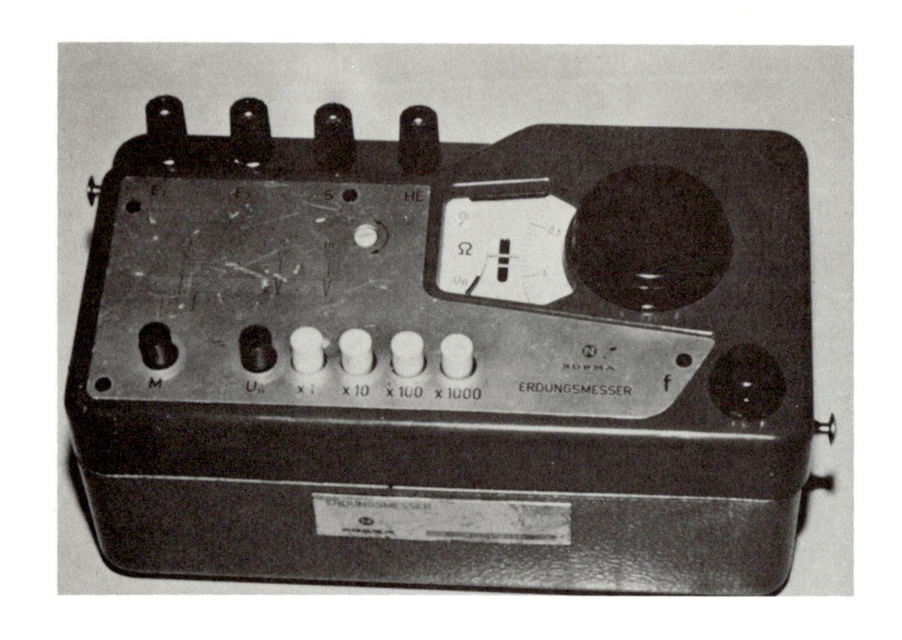

Bild 53: Aufbau eines handelsüblichen Erdungsmessers

batterien mit je 4,5 V. Der Batterie wird ein verhältnismäßig geringer Strom entnommen, da der Umformer einen sehr guten Wirkungsgrad besitzt. Je nach Meßbereich und Hilfserderwiderstand werden Batterieströme zwischen 0,05 und 0,3 A benötigt.

Als Nullindikator wird ein Drehspul-Spannband-Galvanometer mit vorgeschalteter, fremdgesteuerter Gleichrichterschaltung verwendet. Diese ist notwendig, um die Empfindlichkeit des Nullindikators gegenüber Störwechselspannungen weitgehend auszuschließen. Die Fremdsteuerung erfolgt in einer separaten Wicklung des Transformators.

Die Sekundärseite des Meßwandlers Tr_1 hat Anzapfungen für vier Meßbereiche (5 Ω/50 Ω/500 Ω/5000 Ω), die mit Hilfe eines Drucktastenaggregats geschaltet werden können. Dieses Drucktastenaggregat enthält auch die Tasten M und U_B, die im Gegensatz zu den Meßbereichstasten keine Arretierung besitzen. Die Taste U_B schaltet das Drehspulgalvanometer so um, daß damit die Batteriespannung zur Anzeige gebracht wird. Durch Drücken der Taste M kann schließlich die Messung ausgeführt werden.

Da die Tasten U_B und M nicht arretierbar sind, werden die Batterien nur während der Betätigung der Tasten eingeschaltet. Dadurch ist gewährleistet, daß die Batterien nur während der Meßperiode belastet werden. Durch zu geringe Batteriespannung entsteht zwar kein Meßfehler, doch sinkt die Empfindlichkeit der Meßanordnung.

Obwohl die Grundfrequenz des Oszillators mit 135 Hz so gewählt wurde, daß keine technische Frequenz eine Beeinträchtigung des Meßergebnisses verursacht, ist es in besonderen Fällen erforderlich, einer vagabundierenden Wechselspannung auszuweichen. Hierzu wird das Potentiometer „f" verwendet. Es ermöglicht eine Frequenzvariation um $\pm$ 10 Hz, so daß Schwebungen des Anzeigeinstruments vermieden werden. Ein Einfluß auf die Meßgenauigkeit ist dadurch nicht gegeben.

4.8.3 Setzen der Sonde

Zunächst sind alle Verbindungen des zu messenden Erders mit der übrigen Anlage bzw. mit anderen Erdern zu lösen. Bei Blitzschutzanlagen mit mehreren Erdungsstellen wird zweckmäßigerweise die Klemme am Erdseil des zu messenden Erders geöffnet, bei Masterdungen ist das Blitzseil vom Mast zu entfernen oder zu isolieren. Grundsätzlich gilt es, mit dem Erdungsmeßgerät so nahe wie möglich an den Anschlußpunkt des Erders heranzukommen, um eine kurze Verbindung zwischen dem Erder und den mit einer Lasche verbindbaren Klemmen E_1 und E_2 des Erdungsmessers zu erhalten (vgl. Bild 54). Der Widerstand dieser Verbindungsleitung geht als einziger in das Meßergebnis ein. Die Ver-

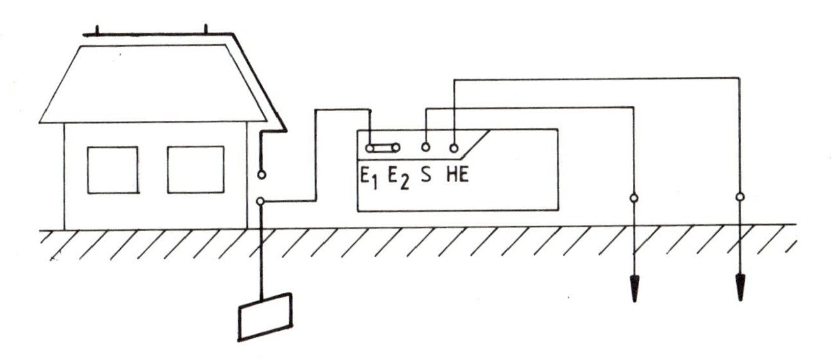

Bild 54: Anschluß des Erdungsmessers

bindungsleitung sollte nicht länger als 3 m sein, damit der entstehende Meßfehler zu vernachlässigen bleibt. Ist aus räumlichen Gründen eine wesentlich längere Verbindungsleitung erforderlich, so muß die Verbindungslasche zwischen E_1 und E_2 gelöst und eine getrennte Leitung zu den Klemmen E_1 und E_2 gelegt werden. Durch diese Schaltungsmaßnahme wird der Leitungswiderstand zwischen dem Erder und E_1 vollständig aus dem Meßergebnis eliminiert. Auch der Leitungswiderstand zwischen dem Erder und E_2 ist zu vernachlässigen.

Für die Sonde und den Hilfserder sind nur zwei Erdspieße zu setzen. Beide sind mit isolierten Leitungen an den Erdungsmesser anzuschließen. Weder die Verbindungsleitungswiderstände noch die Erdungswiderstände von Sonde bzw. Hilfserder gehen in das Meßergebnis ein. Beide Erdungswiderstände können jedoch, wenn sie extrem hohe Werte annehmen, die Empfindlichkeit des Erdungsmeßgerätes herabsetzen und in Ausnahmefällen die Messung unmöglich machen. Man kann die Größen dieser Widerstände feststellen, indem man sie durch Vertauschen der Anschlüsse mißt. Bei ungünstigen Bodenverhältnissen empfiehlt es sich, die Erdungswiderstände von Hilfserder und Sonde dadurch herabzusetzen, daß man die Umgebung dieser beiden Elektroden mit Wasser begießt, dem man gegebenenfalls etwas Salz beigeben kann.

4.8.4 Bestimmung des spezifischen Erdwiderstands

Zur Bestimmung des spezifischen Erdwiderstands nach der Methode von Wenner werden vier Erdspieße so gesetzt, daß sie sich auf einer Geraden befinden und untereinander gleiche Abstände a haben. Der Anschluß an den Erdungsmesser erfolgt nach Bild 55. Die Sonden 2 und 3 sollen dabei nicht tiefer als 0,05 · a gesetzt werden. Der Meßvorgang selbst geschieht in der vorstehend beschriebenen Weise. Der Auswertung des Ergebnisses dient die Formel

$$\rho = 2\pi \cdot R \cdot \alpha \ (\Omega \cdot m)$$

Darin bedeuten:

ρ = spezifischer Erdwiderstand ($\Omega \cdot m$)
R = der mit dem Erdungsmesser gemessene Wert (Ω)
a = Abstand zwischen den Sonden (m)

In dem auf diese Weise gefundenen Wert ist der Widerstand des Erdreichs zwischen den beiden Spannungssonden 2 und 3 bis zu einer Tie-

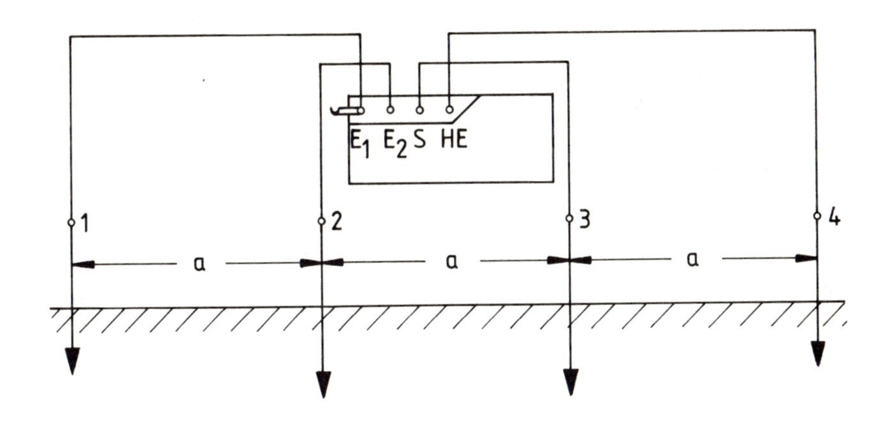

Bild 55: Bestimmung des spezifischen Erdwiderstands

fe a erfaßt. Durch Vergrößerung des Sondenabstands a und erneutes Abstimmen des Erdungsmessers kann der Verlauf des spezifischen Erdwiderstandes in Abhängigkeit von der Tiefe ermittelt werden.

4.8.5 Strom/Spannungs-Verfahren

Dieses Meßverfahren nutzt die Netzspannung eines mit geerdetem Sternpunkt gefahrenen Netzes. Jede Erdungsmessung beruht im Prinzip auf einem Strom/Spannungs-Meßverfahren. Bei diesem Verfahren benutzt man verhältnismäßig hohe Meßspannungen bis zu 220 V und Meßströme bis zu 10 A. Übergangswiderstände (z.B. an korrodierten Anschlüssen und Verbindungen von Erdungsleitungen) werden von dem hohen Meßstrom durchschlagen. Es werden in diesem Falle erheblich niedrigere Erdungswiderstände gemessen als mit einer Erdungsmeßbrükke, die mit Stromstärken in der Größenordnung von 0,1 A arbeitet.

Insbesondere sind bei diesem Meßverfahren mögliche Gefahren durch Schritt- und Berührungsspannungen zu beachten. Die Meßanordnung und die verwendeten Meßmittel müssen den einschlägigen Sicherheitsbestimmungen gerecht werden. Die entsprechenden Vorschriften für das Arbeiten unter Spannung sowie die Richtlinien der Berufsgenossenschaft Feinmechanik und Elektrotechnik müssen eingehalten werden.

4.8.5.1 Meßprinzip

Über einen einstellbaren Vorwiderstand (vgl. Bild 56), der ausreichend belastbar sein muß, wird ein Stromfluß über den zu messenden Erder geleitet und mit einem Strommesser gemessen. Mit einem möglichst hochohmigen Spannungsmesser wird gleichzeitig der Spannungsabfall am Erder gegen eine Sonde in „neutralem Gelände" gemessen. Die Sonde wird im Abstand von 50—100 m von dem zu messenden Erder in den Boden gesteckt. Der Vorwiderstand sollte in der Praxis eine Größe zwischen 50 und 500 Ω haben. Für die Messung ist es nicht erforderlich, die Größe des Widerstandes zu kennen. Ein Spannungsabfall tritt jedoch nicht allein an dem zu prüfenden Erder auf. Der über das Erdreich zum Sternpunkt des speisenden Transformators zurückfließende Strom verursacht auch hier einen Spannungsabfall, der ein Anheben des Nulleiterpotentials des speisenden Netzes zur Folge hat. Bei einer Betriebserdung von R_B = 2 Ω und einem Prüfstrom von 10 A ergäbe sich eine Anhebung des Nulleiterpotentials um 20 V.

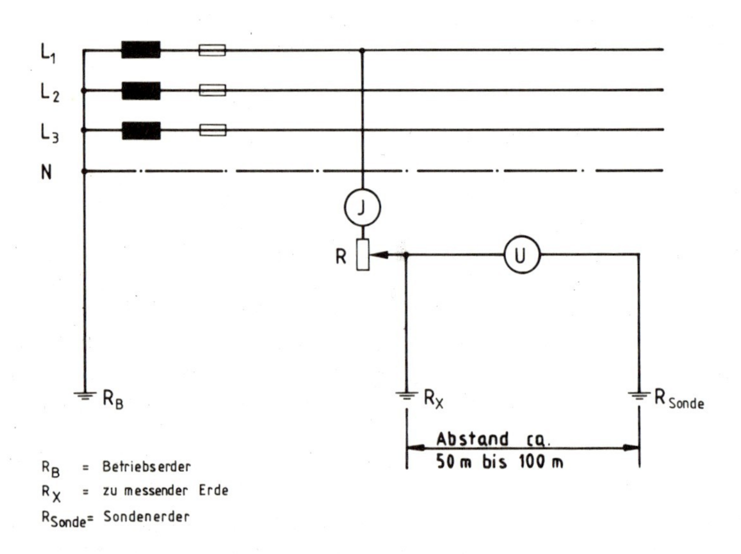

Bild 56: Meßprinzip des Strom/Spannungs-Verfahrens

Bei dieser Meßmethode kann vom Spannungsmesser eine Spannung angezeigt werden, ohne daß ein Prüfstrom aufgeschaltet wurde. Die Spannungsanzeige rührt von vagabundierenden Streuströmen im Erdreich her. Eine Abhilfe wird dadurch geschaffen, daß man durch Änderung des Vorwiderstandes einen Zeigerausschlag des Voltmeters bei eingeschaltetem Prüfstrom erreicht, der wesentlich über dem Ausschlag vor dem Einschalten liegt.

Da die vektorielle Lage einer Störspannung unbekannt ist, kann nicht entschieden werden, ob ihr Betrag addiert oder subtrahiert werden muß.

Der Einfluß des Erdungswiderstandes der Sonde ist weitgehend auszuschalten, indem man einen möglichst hochohmigen Spannungsmesser verwendet. Der Wert einer ca. 0,5 m tief in das Erdreich getriebenen Meßsonde liegt je nach der Bodenbeschaffenheit zwischen 1000 und 2000 Ω. Der vornehmlich benötigte Meßbereich ist der 30 V-Bereich. Ein Spannungsmesser mit R_i = 333 Ω/V wiese bei Vollausschlag 9990 Ω auf. Diese Bürde läge in Serie mit dem Sondenwiderstand von beispielsweise 2000 Ω. Der Sondenwiderstand machte also fast 20% der Reihenschaltung aus. Verwendet man einen Spannungsmesser mit R_i = 20 kΩ/V, so beträgt die Bürde im gleichen Meßbereich 600 kΩ. Der Sondenwiderstand ist nunmehr vernachlässigbar klein und bleibt ohne Einfluß auf die Messung.

5 Planungsbeispiele

5.1 Vorbemerkungen

Anhand verschiedener Planungsbeispiele soll im Nachstehenden aufgezeigt werden, welche Blitzschutzmaßnahmen bei amateurspezifischer Anwendung erforderlich und möglich sind. Für alle angeführten Planungsbeispiele muß unterstrichen werden, daß Erdungen von Antennenanlagen keineswegs eine nach den ABB-Bestimmungen gebaute Blitzschutzanlage ersetzen. Vielmehr ist erst das Zusammenwirken von Antennenerdung und Blitzschutzanlage (äußerer und innerer Blitzschutz) als optimaler Blitzschutz zu betrachten. Im Rahmen des inneren Blitzschutzes ist dabei ein vollkommener Potentialausgleich unter Einbeziehung der elektrischen Verbraucheranlage (Einbau von Überspannungsableitern) vorzunehmen.

Für die Erdung von Antennenanlagen sind die VDE-Bestimmungen 0855/Teil 1 („Bestimmungen für Antennenanlagen — Errichtung und Betrieb“) maßgebend. Zu beachten sind insbesondere die §§ 7—10 der derzeit gültigen Bestimmungen.

5.1.1 Erder

Als Erder dürfen verwendet werden:

a) Blitzschutzerder nach ABB
b) eigene Antennenerder, z.B. Banderder von mindestens 5 m Länge oder Staberder von mindestens 3 m Länge
c) Fundamenterder
d) Stahlskelette von Gebäuden
e) leitfähig verbundene, im Erdreich liegende metallene Rohrnetze (vgl. VDE 0190)

5.1.2 Erdungsleitungen

Einen Überblick über die zu verwendenden Erdungsleitungen bietet Tabelle IV.

Tabelle IV: Für Blitzschutzmaßnahmen zu verwendende Erdungsleitungen

Werkstoff	Verlegung innerhalb von Gebäuden	Verlegung außerhalb von Gebäuden
Kupfer	Draht 10 mm² blank	• Rundkupfer mindestens 8 mm ø • Flachkupfer mindestens 20 x 2,5 mm • Isolierte Leitung mindestens 10 mm² (z.B. NYY oder NYM)
Stahl verzinkt	–	• Runddraht mindestens 8 mm ø • Bandstahl mindestens 20 x 2,5 mm
Aluminium	Draht 16 mm² blank	• Rundaluminium mindestens 8 mm ø • Flachaluminium mindestens 20 x 2,5 mm • Isolierte Leitung mindestens 16 mm² (z.B. NAYY)

Erdungsleitungen, die im Inneren von Gebäuden verlegt sind, dürfen bis zu einer Länge von 1 m aus dem Gebäude herausgeführt werden (z.B. zum Anschluß des Standrohres, des Erders oder der Antenne).

Außer den in Tabelle IV genannten Erdungsleitungen können Ableitungen der Blitzschutzanlage sowie metallene Rohrleitungen, Konstruktionsteile, Feuerleitern usw. verwendet werden. Nicht zu verwenden sind Nulleiter, Schutzleiter und metallische Rohre elektrischer Installationen.

In Netzen, in denen die Nullung als Schutzmaßnahme gegen zu hohe Berührungsspannung zugelassen ist, muß der Erder der Antennenanlage mit dem Nulleiter verbunden werden. Entsprechend muß im Schutzleitungssystem die Erdungsanlage der Antenne mit dem Schutzleiter verbunden werden (z.B. an der Potentialausgleichsschiene).

5.1.3 Führung der Erdungsleitungen

Erdungsleitungen sind auf möglichst kurzem Wege zum Erder zu führen. Senkrechte Führungen sowie sichtbare oder in Kunststoffrohren geführte Erdungsleitungen sind zu bevorzugen. Die entsprechenden Rohre dürfen keine weiteren Leitungen enthalten. Erdungsleitungen dürfen nicht durch solche Teile von Räumen geführt werden, die der Lagerung von leicht entzündlichen Stoffen (Stroh, Heu usw.) dienen. Erdungsleitungen dürfen ohne Abstandsschellen auf Holz verlegt werden.

5.1.4 Verbindungsstellen

Verbindungsstellen im Verlauf der Erdungsleitung sind möglichst zu vermeiden. Unvermeidliche Verbindungsstellen und Anschlußstellen dürfen sich nicht unmittelbar auf Holz oder in der Nähe von leicht entzündlichen Stoffen befinden. Zum Anschluß an metallische Rohrleitungen sind Schellen mit mindestens 10 cm^2 Berührungsfläche zu verwenden. Dabei sind die beschriebenen Korrosionsprobleme zu beachten. Erdungsleitungen müssen nach Eintritt in das Gebäude an die Wasserverbrauchsleitung angeschlossen werden. Wasserzähler sind mit minde-

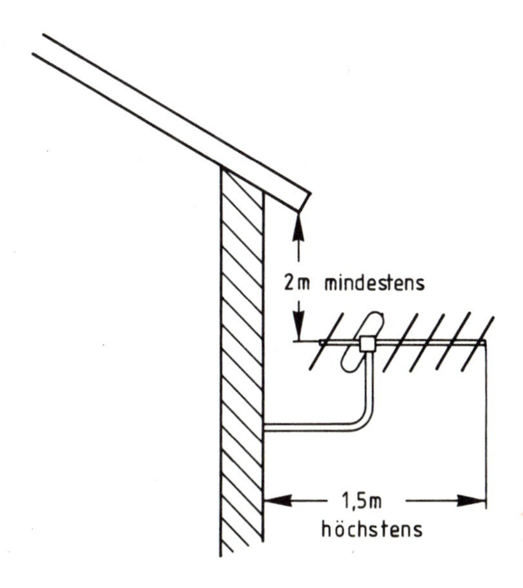

Bild 57: Planungsbeispiel 1

stens 10 mm^2 Kupferdraht zu überbrücken, sofern die Wasserzuleitung nicht in Kunststoff verlegt ist.

5.2 Praktische Beispiele

5.2.1 Planungsbeispiel 1

Nach VDE 0855, § 7c darf bei Zimmerantennen und Antennen, die im Gerät eingebaut sind, bei Antennen unter der Dachhaut und bei Fensterantennen, deren Abmessungen die in Bild 57 angezeigten Werte nicht unter- bzw. überschreiten, auf eine Erdung verzichtet werden.

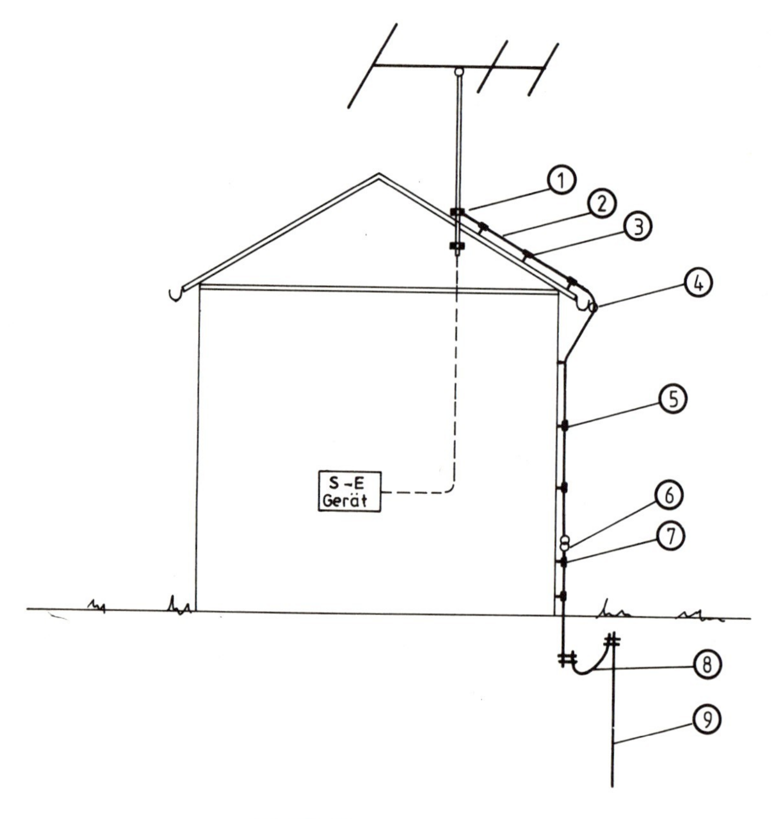

Bild 58: Planungsbeispiel 2

5.2.2 Planungsbeispiel 2

Das Planungsbeispiel (vgl. Bild 58) veranschaulicht die Erdung einer Antenne, die sich auf einem Gebäude ohne Blitzschutzanlage befindet, entsprechend den VDE-Bestimmungen 0855, Teil 1. Die Ableitung ist vom Antennenstandrohr über Dach- und Hauswand zu führen und im Erdboden an die metallische Wasserleitung oder an einen Profilstaberder (3 m Länge) bzw. eine Erdungsleitung (5 m Länge) anzuschließen.

Bei diesem Planungsbeispiel werden folgende Materialien verwendet:

1) Erdungsrohrschelle mit Anschlußklemme.
2) Erdungsleitung aus Rundstahl, stark verzinkt, 8 mm Ø (nach DIN 48801).
3) Dachleitungshalter entsprechend der Gebäudeeindeckung.
4) Dachrinnenklemme zum Anschluß der Dachrinne.
5) Leitungshalter entsprechend der Außenfassade des Gebäudes.
6) Erdeinführungsstange, stark verzinkt, 16 mm Ø, mit Trennstelle.
7) Stangenhalter zur Befestigung der Erdeinführungsstange.
8) Verbindungsleitung zwischen der Erdeinführungsstange und dem Antennenerder aus Rundstahl 10 mm Ø, stark verzinkt (nach DIN 48801).
9) Profilstaberder (3 m lang) mit Anschlußklemme oder Erdungsleitung aus Rundstahl (5 m lang), stark verzinkt, 10 mm Ø (nach DIN 48801).

5.2.3 Planungsbeispiel 3

Ist ein Gebäude, das über ein metallisches Heizungsrohrnetz im Inneren verfügt, nicht mit einer Blitzschutzanlage versehen, so ist eine Ableitung an der Hausaußenwand entbehrlich. In diesem Falle ist das metallische Heizungsrohrnetz, z.B. im Kesselhaus zwischen Heizungsvorlauf, Heizungsrücklauf, Warmwasserleitung und Kaltwasserleitung mit Kupferdraht (mindestens 10 mm^2) zu verbinden. Ist eine metallische Wasserzuleitung vorhanden, ist überdies die Wasseruhr mit Kupferdraht (10 mm^2) zu überbrücken.

Der Anschluß des Antennenstandrohrs erfolgt unter Dach zum nächstgelegenen Punkt des Heizungs- bzw. Wasserleitungssystems ebenfalls durch Kupferdraht der gleichen Stärke. Verfügt das Haus über einen Fundamenterder, so ist auch dieser einzubeziehen. In jedem Falle ist die Korrosionsproblematik zu beachten.

Bei diesem Planungsbeispiel werden die folgenden Materialien verwendet:

1) Erdungsrohrschelle mit Anschlußklemme.
2) Ableitung (mindestens 10 mm^2 Cu bzw. 16 mm^2 Al).
3) Erdungsrohrschelle mit Anschlußklemme.
4) Potentialausgleichsleitung (mindestens 10 mm^2 Cu).
5) Überbrückung Wasseruhr (flexibles, isoliertes Kupferseil, 10 mm^2).

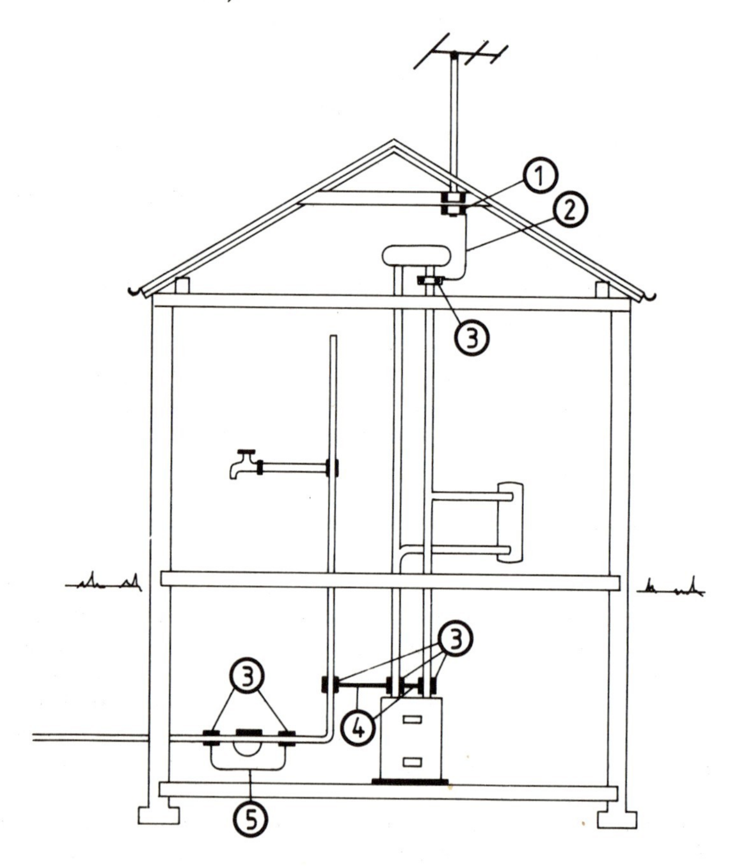

Bild 59: Planungsbeispiel 3

5.2.4 Planungsbeispiel 4

Ist auf einem Gebäude bereits eine Blitzschutzanlage vorhanden, so ist das Antennenstandrohr auf dem kürzesten Wege mit der vorhandenen Auffangleitung zu verbinden (vgl. Bild 60).

Bei diesem Planungsbeispiel werden folgende Materialien verwendet:

1) T-Abzweigklemme.
2) Erdungsleitung aus Rundstahl, stark verzinkt, 8 mm Ø (nach DIN 48801).
3) Erdungsrohrschelle mit Anschlußklemme.

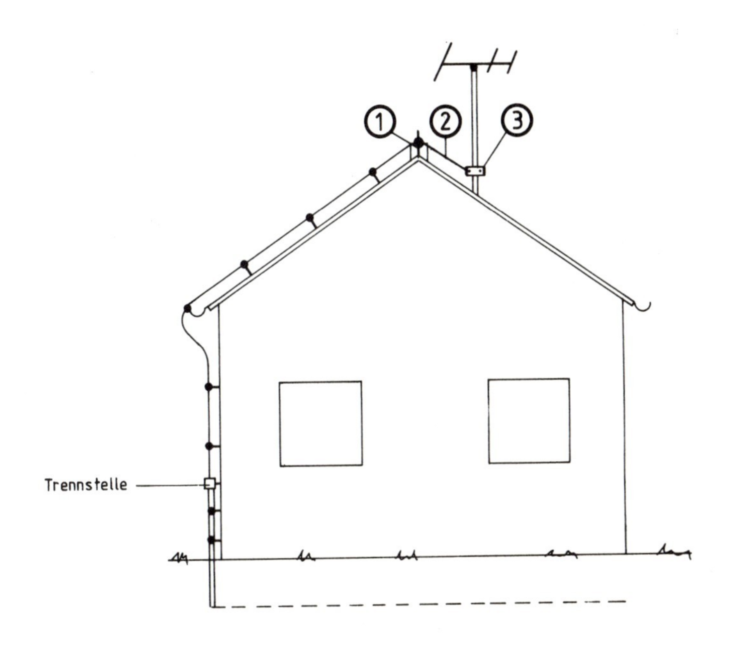

Bild 60: Planungsbeispiel 4

5.2.5 Planungsbeispiel 5

Spezifische Probleme werfen Gebäude mit Weichdacheindeckung (Stroh, Reet, Schilf) auf. Abweichend von den für Hartbedachung geltenden

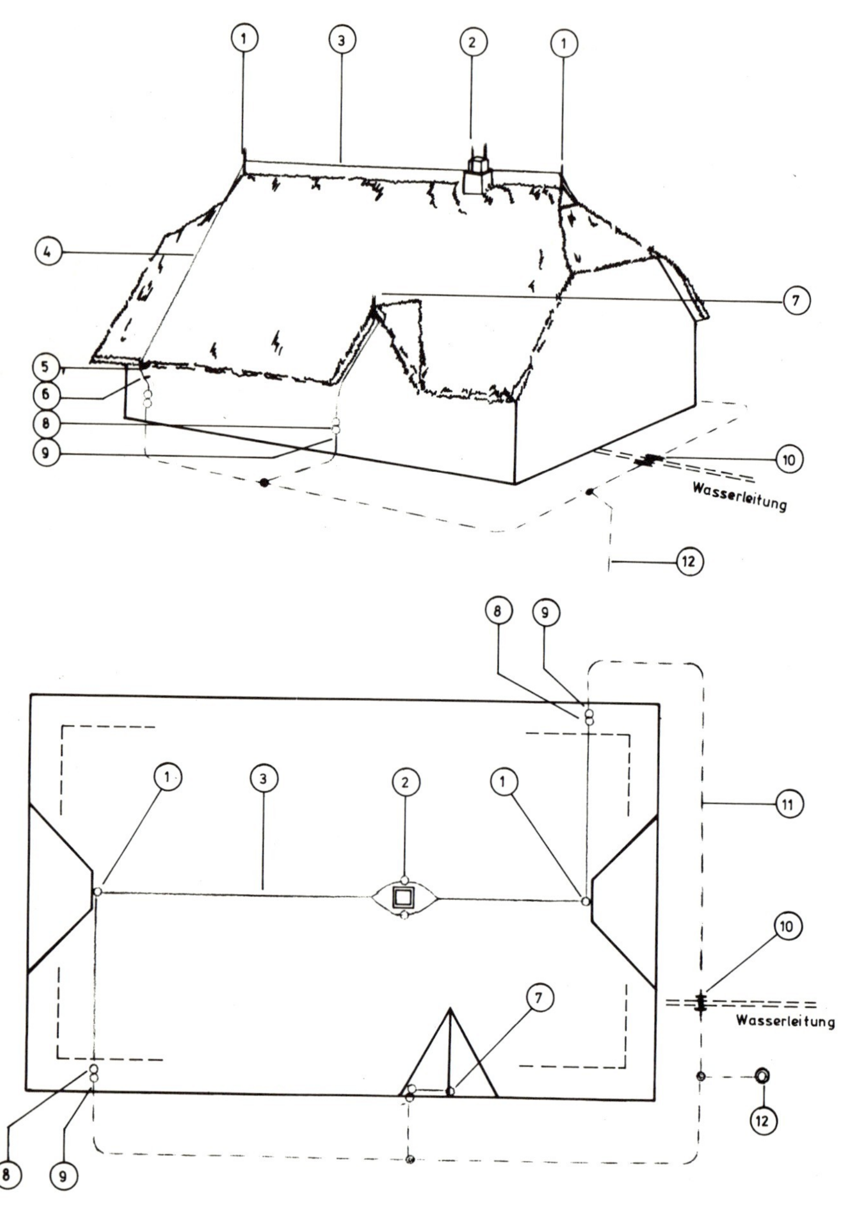

Bild 61: Planungsbeispiel 5 (Blitzschutzanlage für Gebäude mit weicher Bedachung)

Bestimmungen ist bei einem Weichdach die Firstleitung an Holzpfählen (DIN 48812) in mindestens 0,6 m Abstand vom First, die Ableitung in mindestens 0,4 m Abstand vom Dach so zu spannen, daß für die Firstleitung bei Spannweiten bis etwa 15 m, für die Ableitung bei Spannweiten bis etwa 10 m weitere Holzstützen entbehrlich werden. Der Abstand von der Weichdachtraufe zur Traufenstütze darf 15 cm nicht unterschreiten.

Auf Weichdächern vorhandene Metallteile beeinträchtigen die Schutzwirkung der Blitzschutzanlage und dürfen daher nicht an die Blitzschutzanlage angeschlossen werden. Hierzu zählen Kehlbleche, Kamineinfassungen, Dachfenster, Dachrinnen, Entlüftungsrohre usw. Ist ein Weichdach mit einem metallischen Drahtnetz überzogen oder sind metallische Leitern, Berieselungsanlagen, Firstabdeckungen oder Fanggitter vorhanden, ist ein wirksamer Blitzschutz nicht möglich. Jegliche Führung von Leitungen durch die Dachhaut des Weichdaches ist unzulässig. Auch Überdachantennen sind auf weichgedeckten Dächern nicht zugelassen.

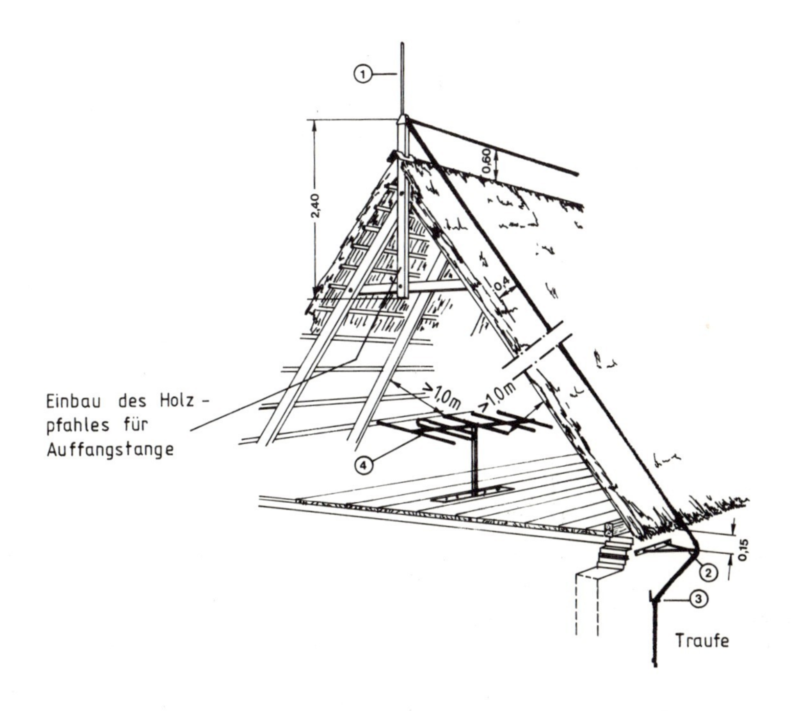

Bild 62: Planungsbeispiel 5 (Blitzschutzanlage für Gebäude mit weicher Bedachung)

Unter der Dachhaut angebrachte Antennen sind erlaubt, doch muß ein Mindestabstand von 1 m zur inneren Dachhaut eingehalten werden (vgl. Bild 62).

NB: Baumzweige müssen mindestens 1 m vom Weichdach entfernt gehalten werden.

Bei diesem Planungsbeispiel werden folgende Materialien verwendet:

Bild 61:
1) Auffangstangen auf Holzpfählen (nach DIN 48812).
2) Schornsteinumführung mit Schornsteinstangen, Stahlrahmen oder Rundstahl.
3) Firstleitung (0,6 m über First verlegen, Anzahl der Holzstützen möglichst gering halten).
4) Ableitung (0,4 m über Dach verlegen).
5) Traufenstütze (Mindestentfernung vom Weichdach 0,15 m).
6) Spannkloben.
7) Giebelstangen.
8) Trennstück.
9) Übergang von Rundstahl auf Bandstahl.
10) Anschluß an Wasserleitungsrohr (Bei Korrosionsgefahr Einbau einer geschlossenen Trennfunkenstrecke).
11) Erdungssammelleitung.
12) Stab- oder Banderder.

Bild 62:
1) Auffangstange auf Holzpfahl.
2) Traufenstütze (Entfernung vom Weichdach mindestens 0,15 m).
3) Spannkloben.
4) Unterdachantenne (Mindestabstand zur inneren Dachhaut 1,0 m).

5.2.6 Planungsbeispiel 6

Anhand des Planungsbeispiels wird untersucht, inwieweit der seitliche Schutzbereich eines separaten Antennenmastes den Aufbau einer Blitzschutzanlage entbehrlich macht.

Bild 63 zeigt einen 17 m hohen Antennenmast (mit Antennenaufbauten 19 m über Boden), der in einem Abstand von 7 m von der Westseite eines Hauses aufgestellt ist. Der seitliche Schutzbereich der Fangeinrichtung der Antenne ist mit einem Schutzwinkel von 45° anzusetzen. In

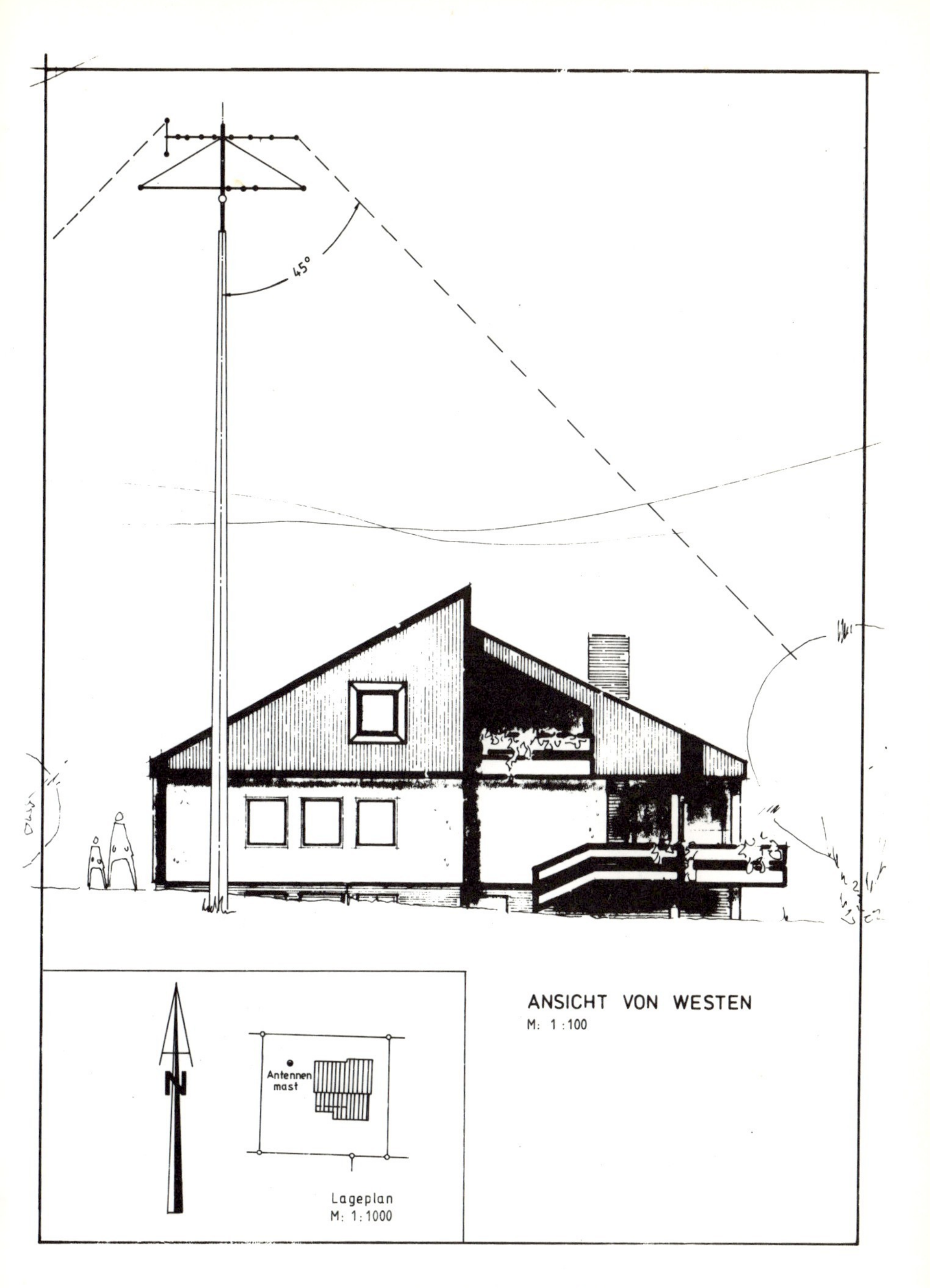

Bild 63: Planungsbeispiel 6 (Westansicht)

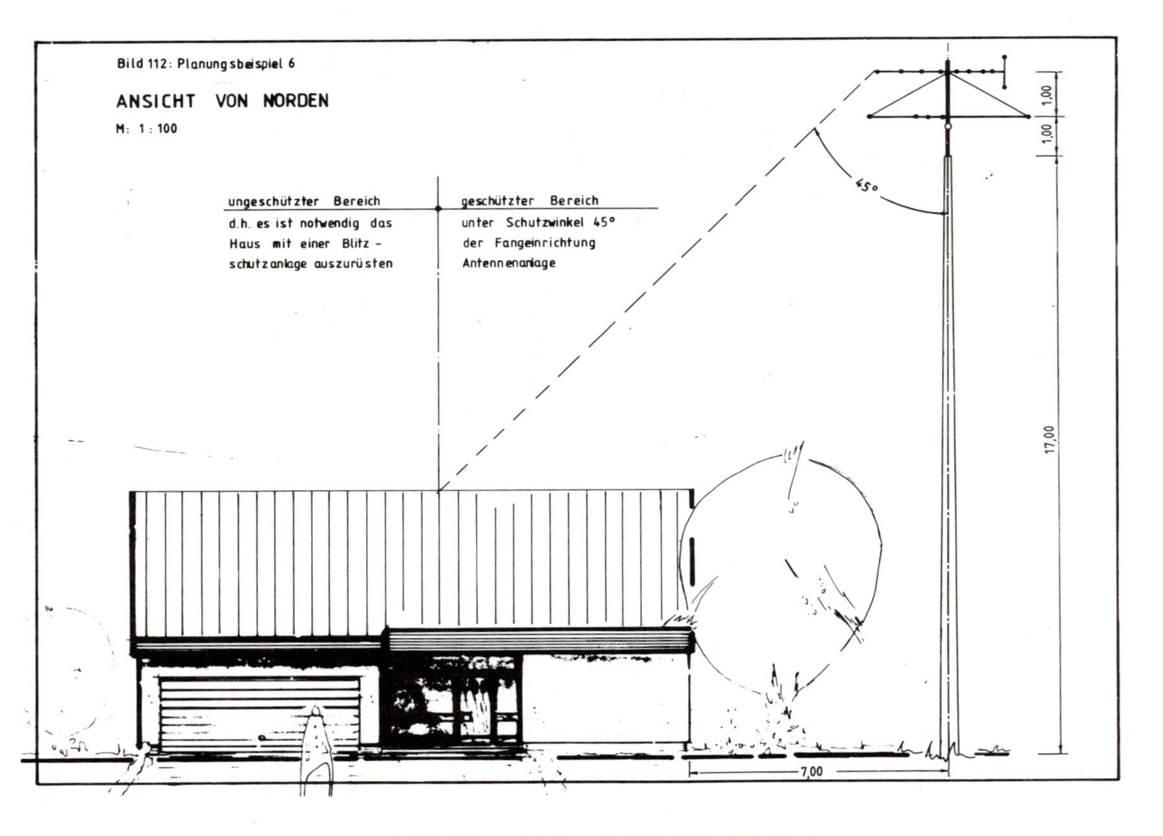

Bild 64: Planungsbeispiel 6 (Nordansicht)

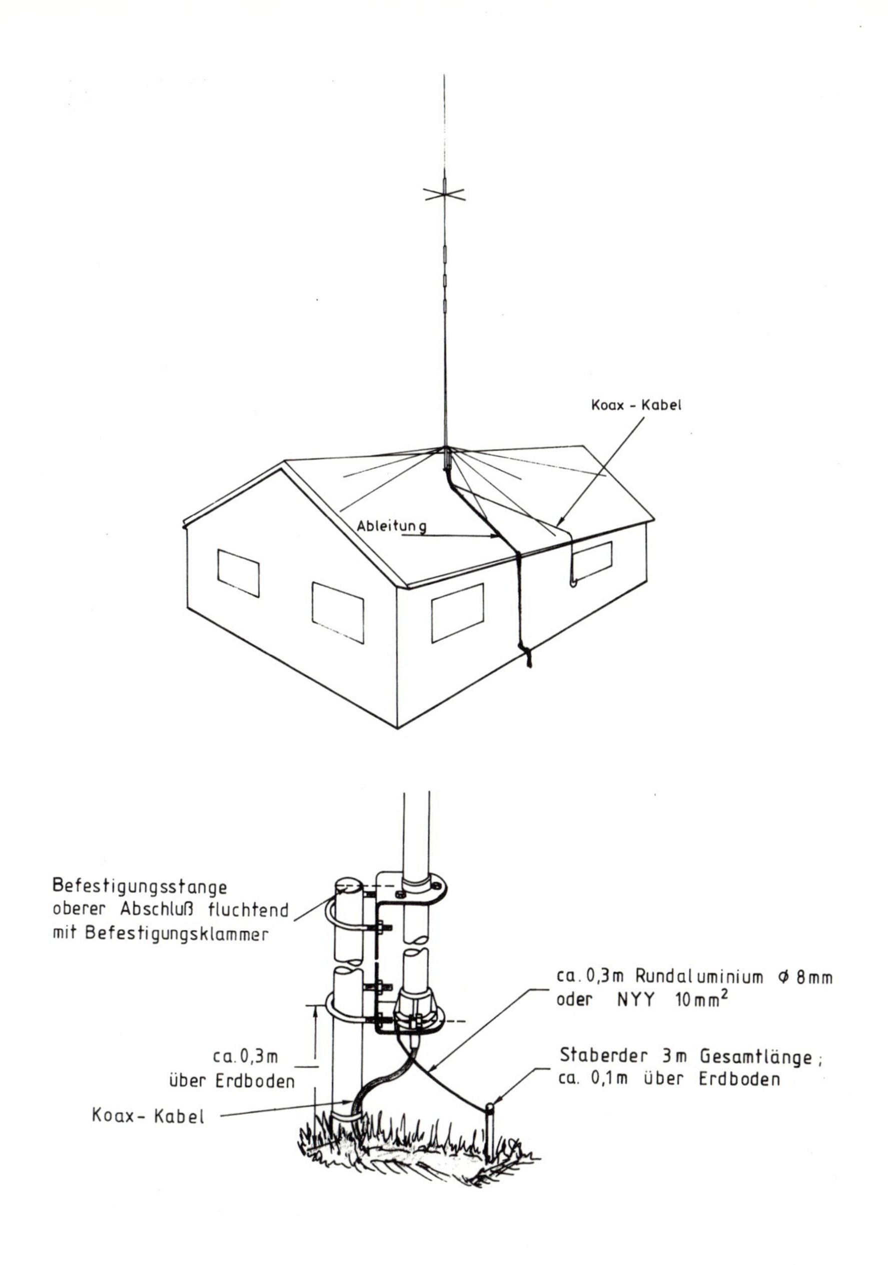

Bild 65: Planungsbeispiel 7 (Ground-Plane-Antenne auf Hausdach montiert)

Westansicht überdeckt der Schutzwinkel das Haus. In Nordansicht (Bild 64) überdeckt der Schutzwinkel jedoch nur etwa die Hälfte des Hauses. Die andere Hälfte des Hauses ist ungeschützt. Es empfiehlt sich daher, das Haus mit einer Blitzschutzanlage zu versehen.

5.2.7 Planungsbeispiel 7

Bild 65 zeigt den Aufbau einer Ground-Plane-Antenne auf einem Hausdach. Die Antennenableitung wird am Befestigungsmast der Antenne angeschlossen und kann entsprechend den Hinweisen der Planungsbeispiele 2—4 geführt werden.

Bild 65 unten zeigt eine am Erdboden installierte Ground-Plane-Antenne. Auch hier muß der Fußpunkt der Antenne durch eine isolierte Kupferleitung (NYY, mindestens 10 mm^2) mit einem 3 m langen Profilstaberder oder einer 5 m langen Erdungsleitung verbunden werden.

5.2.8 Planungsbeispiel 8

Als freistehende Antennenträger kommen Maste aus Holz, Stahl (Rohr- oder Gittermast) und Stahlbeton in Frage. Im Regelfall kann davon ausgegangen werden, daß die Mastspitze mit einer metallischen Antennentragwerkskonstruktion versehen wird. Diese Tragwerkskonstruktion dient gleichzeitig als Auffangvorrichtung und muß über eine Ableitung mit der Erdungsanlage verbunden werden. Im Falle eines Stahl- bzw. Stahlbetonmastes erübrigt sich die Ableitung, doch ist am Mastfuß eine Verbindung mit der Erdungsanlage vorzunehmen.

Bild 66 zeigt einen Holzmast als Antennenträger für eine Delta-Loop-Antenne. Am Holzmast muß an der Mastspitze ca. 20 cm überstehend eine Ableitung (bei Kupfer 10 mm^2, bei Stahl oder Aluminium 16 mm^2 Querschnitt) angebracht werden. Die Ableitung muß von der Mastspitze bis zum Mastfuß durchgehend direkt auf dem Holz befestigt (zweckmäßigerweise durch Krampen) und am Mastfuß mit der Erdungsanlage verbunden werden.

Bild 67 zeigt einen Stahlbetonmast als Antennenträger für einen Rotary-Beam. Als Auffangvorrichtung dient ein Stahlrohraufsatz, der mit einer metallischen Abdeckplatte an der Mastspitze verbunden ist.

Bild 68 zeigt die Mastzeichnung für einen Antennenträger aus Stahlbeton. Der Mast ist an der Mastspitze und am Mastfuß mit einer Erdungsbuchse versehen. Es ist keine Ableitung erforderlich, da die Stahlbewehrung, die untereinander verschweißt und verflochten ist, den gleichen

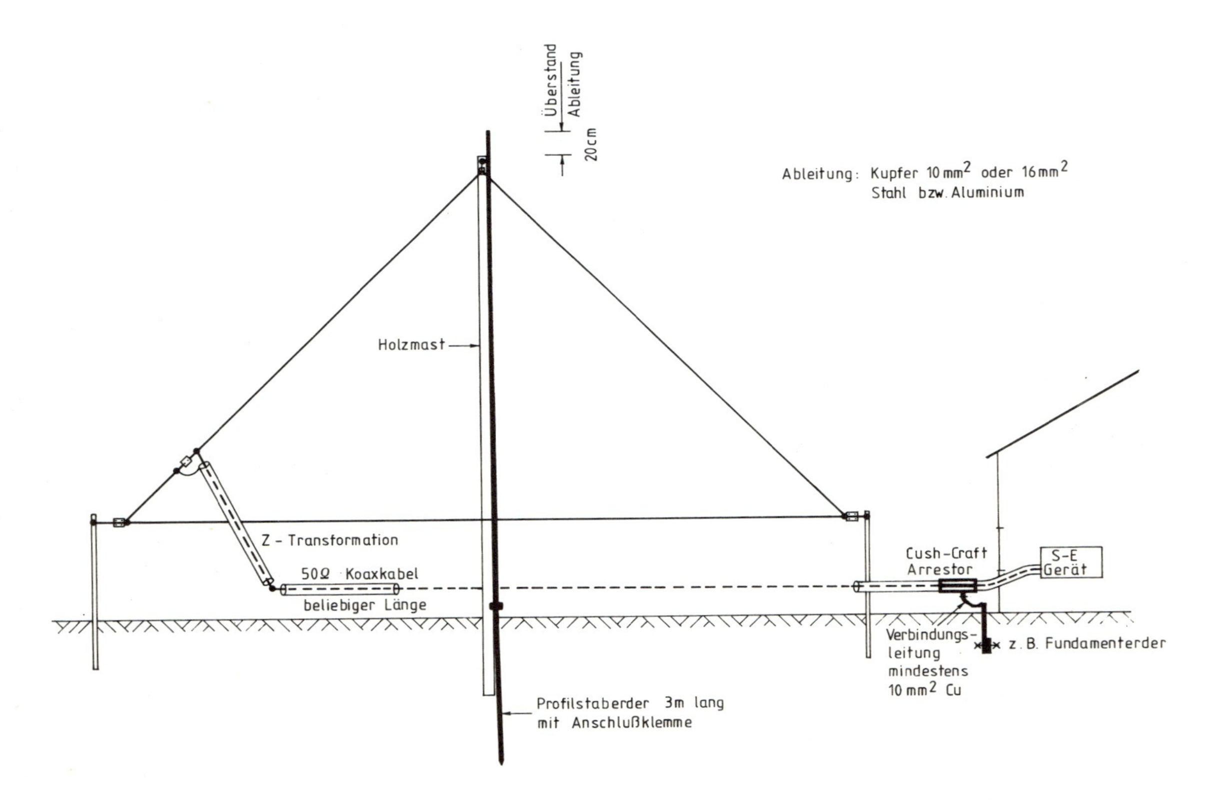

Bild 66: Planungsbeispiel 8a (Holzmast als Antennenträger für eine Delta-L

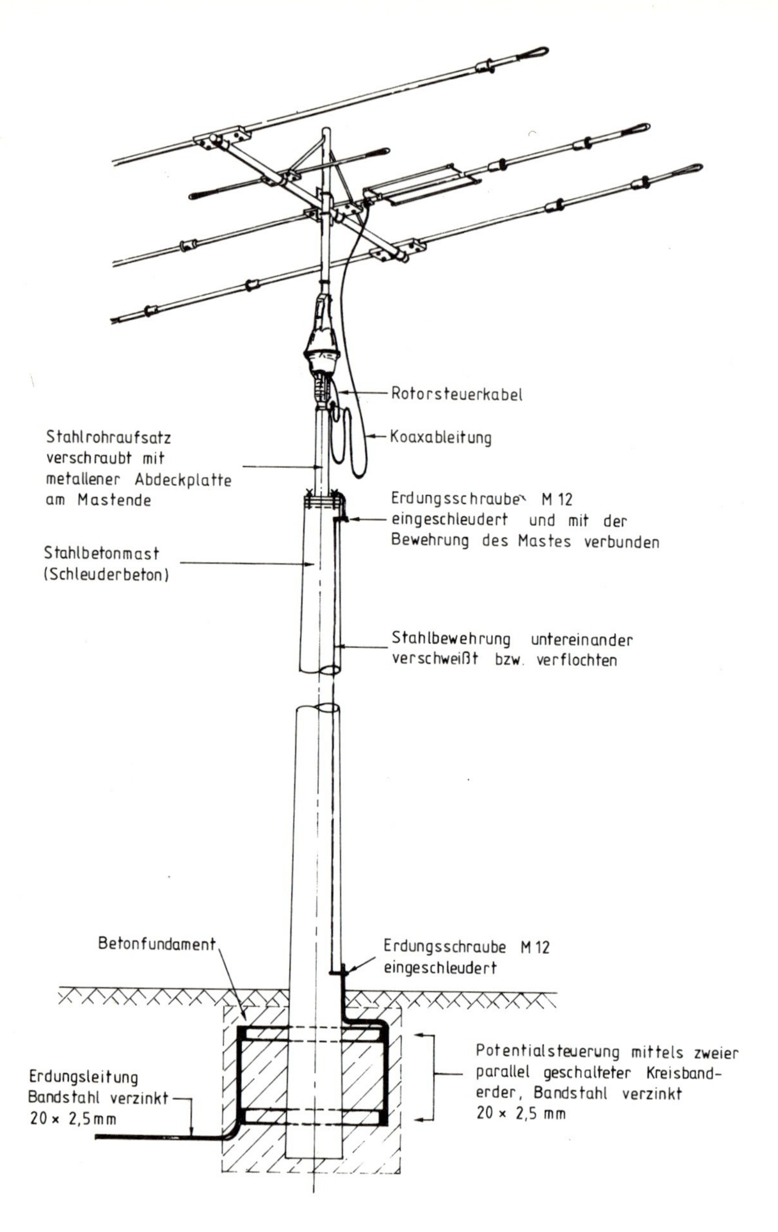

Bild 67: Planungsbeispiel 8b (Stahlbetonmast als Antennenträger mit aufgesetztem Stahlrohraufsatz)

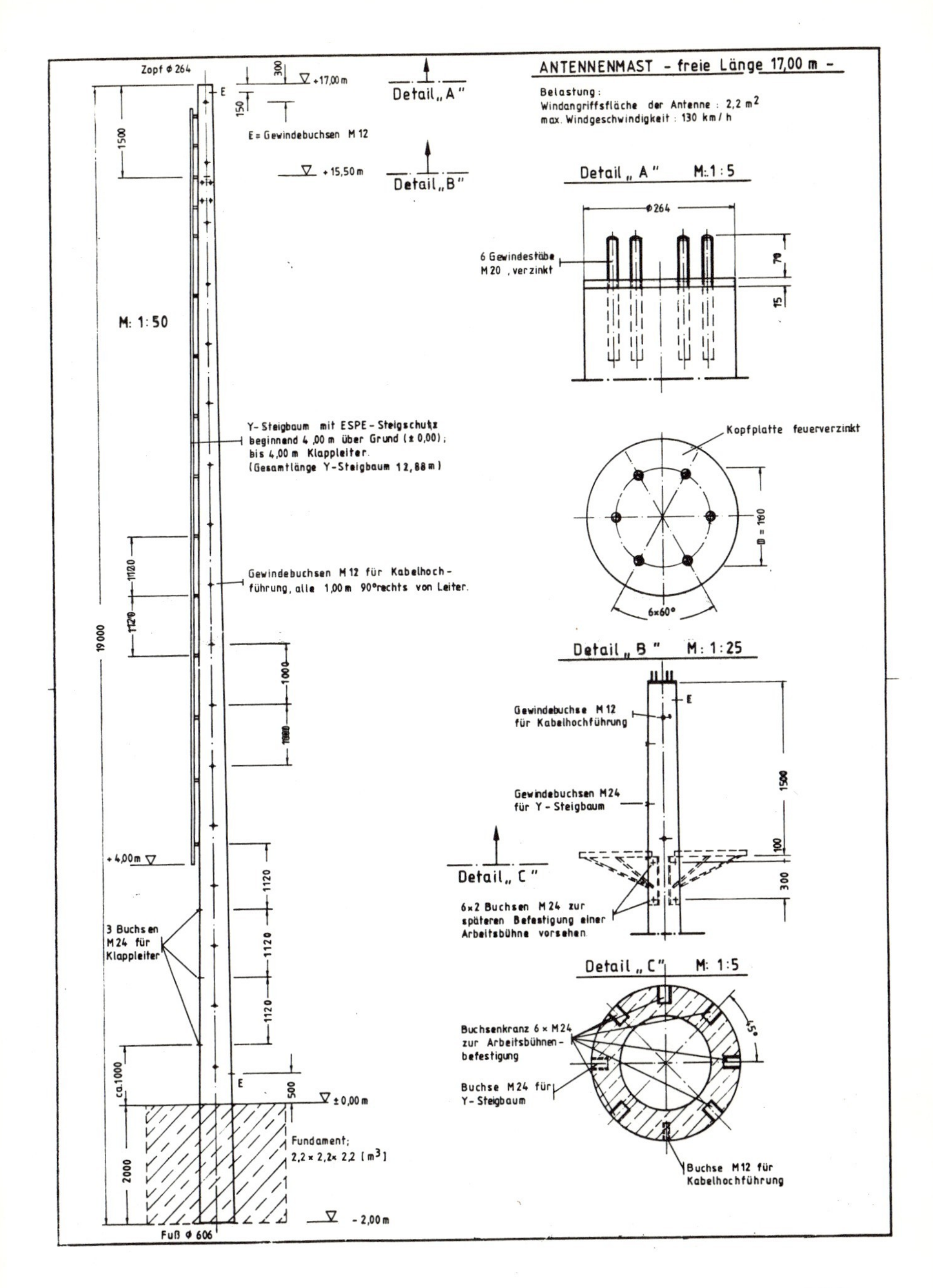

Bild 68: Planungsbeispiel 8c

Zweck erfüllt. Die Erdungsbuchse am Mastfuß ist mittels einer Erdungsschraube mit der Erdungsanlage zu verbinden. Auch die Buchsen für die Steigevorrichtung sind mit der Bewehrung verbunden, so daß sich auch hier besondere Maßnahmen erübrigen. Ist diese Voraussetzung nicht gegeben, so ist es notwendig, entlang der Steigevorrichtung eine äußere Ableitung zu verlegen und die Buchsen einzeln mit dieser Ableitung zu verbinden. Bei Blitzschlägen in die Steigevorrichtung bei fehlender Verbindung zur Bewehrung und fehlender äußerer Ableitung kann der Beton um die Buchsen beschädigt werden, so daß beim Besteigen des Mastes Unfallgefahr besteht. Muß eine äußere Ableitung gezogen werden, so ist diese zu erden und die Stahlbewehrung mit der Ableitung am Mastfuß zu verbinden.

Bild 69 zeigt die Verwendung eines Gittermastes als Antennenträger. Am Mastfuß ist eine Verbindung mit der Erdungsanlage herzustellen.

5.2.9 Planungsbeispiel 9

Drahtantennen sind hinsichtlich des äußeren Blitzschutzes schwer in den Griff zu bekommen, da jede Verbindung über eine Ableitung zu einer Änderung der hochfrequenztechnischen Bedingungen führen würde. An der Antenne selbst kann keine schützende Maßnahme vorgenommen werden. Es ist jedoch möglich, die HF-Zuleitung (Koaxialkabel oder Ein- bzw. Zweidrahtspeiseleitung (Feeder)) zu schützen.

Bild 70 zeigt eine mit Hilfe eines Koaxialkabels gespeiste W 3 DZZ. Hier kann wirkungsvoll eine koaxial konzipierte Funkenstrecke (z.B. Cush-Craft Blitz-Bug-Coaxial Lightning Arrester) in die Speiseleitung an die Erdungsanlage angeschlossen werden.

Bild 71 zeigt eine Zweidrahtspeiseleitung, die bei Eintritt in den Shack über zwei Trennfunkenstrecken geschützt wird. Durch den Einbau der Trennfunkenstrecken wird keine Änderung des hochfrequenztechnischen Verhaltens der Speiseleitung bewirkt.

5.2.10 Planungsbeispiel 10

Ein Vorverstärker, der über eine separate Stromversorgung verfügt, soll unter Dach in möglichster Nähe zur Antenne installiert werden. In diesem Falle ergibt sich im Bereich des durch das elektrische Netz betriebenen Vorverstärkers eine Näherung zwischen der Antennenanlage und der elektrischen Anlage. Der Schirm des Koaxialkabels ist mit dem Erder der Antenne verbunden und liegt gleichfalls an dem Vorverstär-

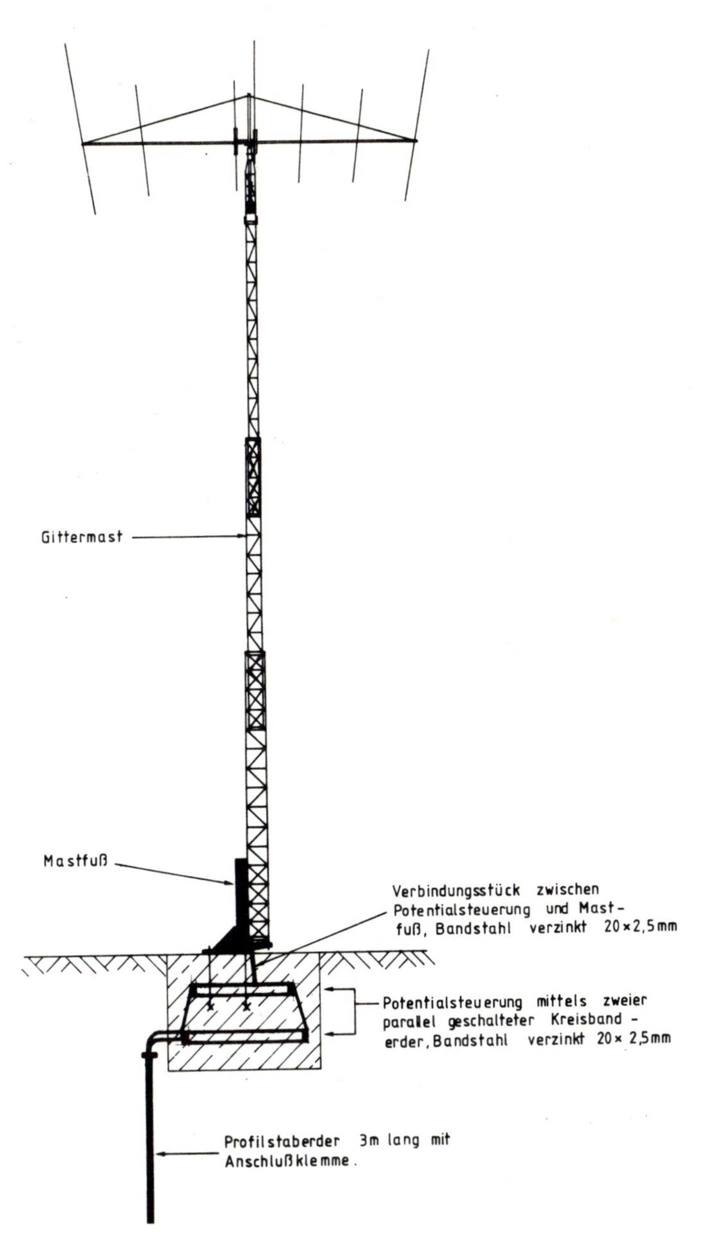

Bild 69: Planungsbeispiel 8d

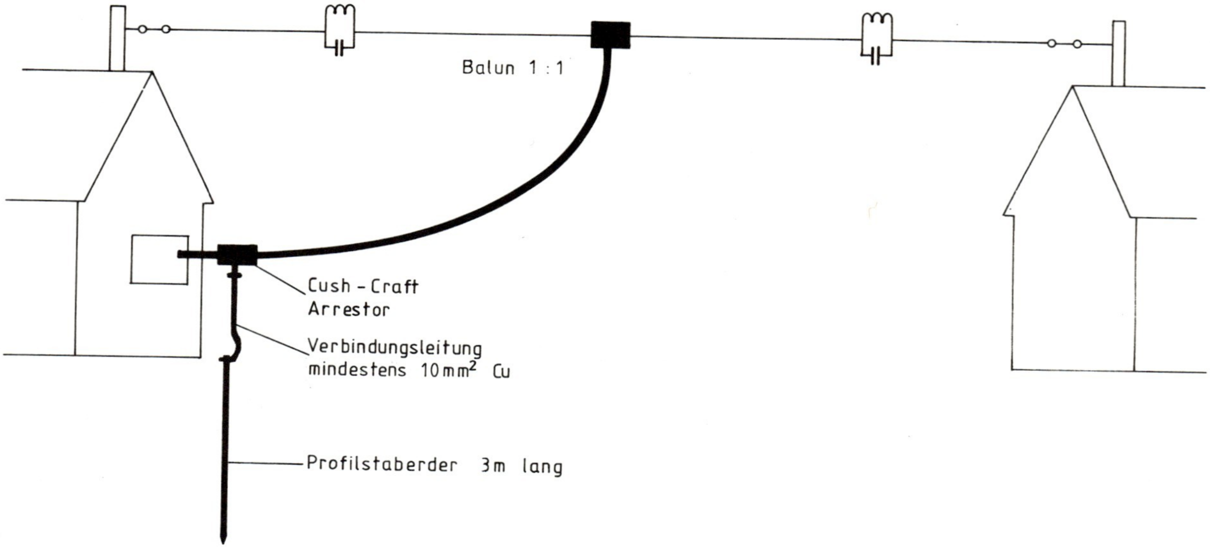

Balun 1 : 1

Cush - Craft
Arrestor

Verbindungsleitung
mindestens 10 mm² Cu

Profilstaberder 3m lang

Bild 70: Planungsbeispiel 9 (Blitzschutz durch eine koaxiale Funkenstrecke)

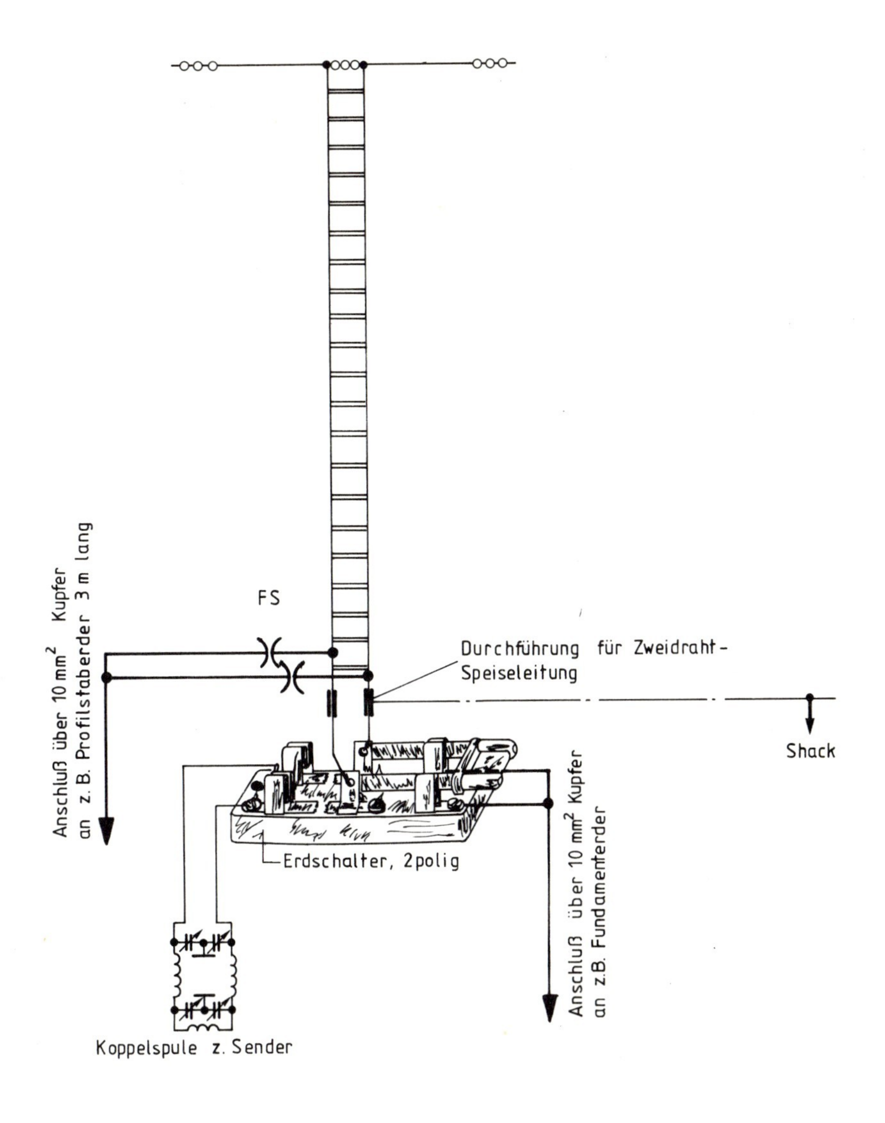

Bild 71: Planungsbeispiel 9 (Blitzschutz einer Bandleitung mit Hilfe von zwei Trenn-Funkenstrecken)

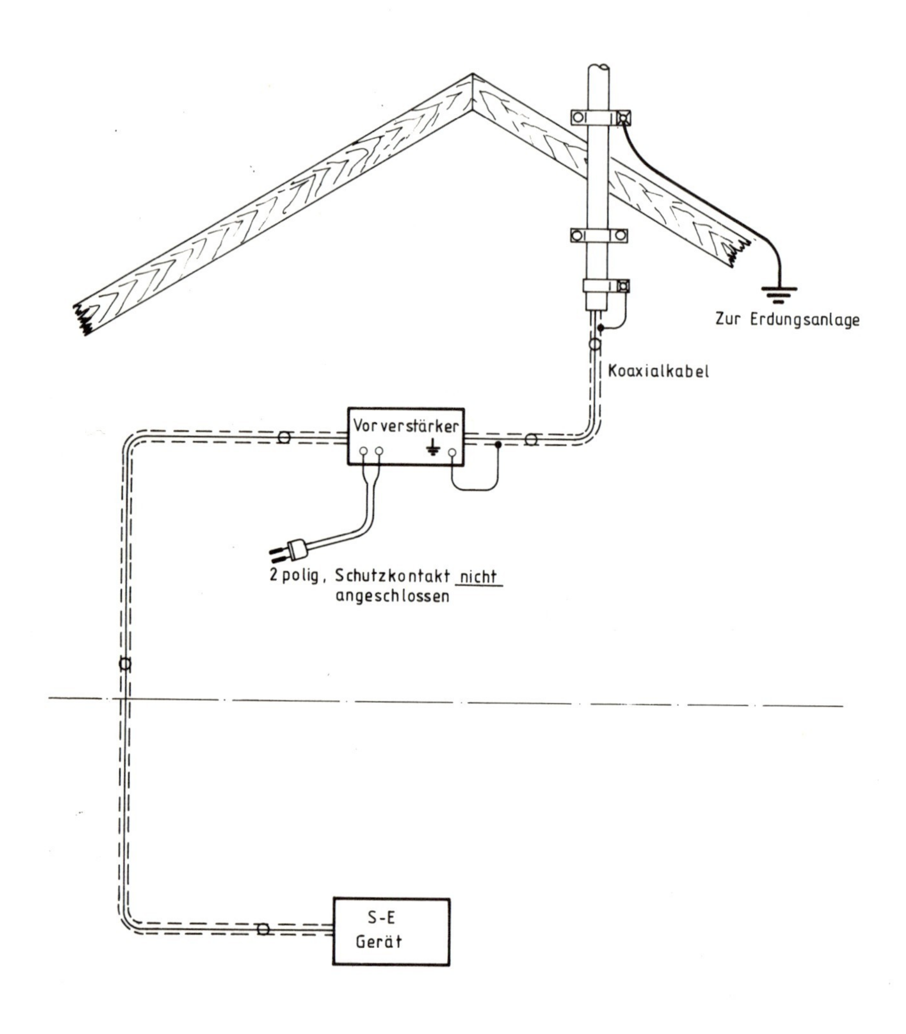

Bild 72: Planungsbeispiel 10

ker. Eine Verbindung des SL- bzw. Mp-Leiters der elektrischen Anlage mit dem Schirm des Koaxialkabels an dieser Stelle kann zu HF-Störungen führen (SL = Schutzleiter, Mp = Mittelpunktleiter). Aus diesem Grunde ist die Stromversorgung des Vorverstärkers nur zweipolig angeschlossen und der Vorverstärker mit der Antennenerdung verbunden (vgl. Bild 72). Der SL- bzw. Mp-Leiter wird mit der Antennenerdung erst in der Nähe des gemeinsamen Erders verbunden (z.B. an der Potentialausgleichsschiene im Keller).

5.2.11 Planungsbeispiel 11

Es kann mitunter von Interesse sein, die atmosphärischen Blitzstromeinwirkungen in Blitzschutzableitungen bzw. die Einwirkung von Überspannungsvorgängen in die Hausinstallation digital zu erfassen. Dies geschieht mit Hilfe eines Blitzstromzählers.

Das Zählgerät wird direkt in die Ableitung der Blitzschutzanlage bzw. die Erdleitung des Überspannungsableiters geschaltet. Zu diesem Zweck muß die Leitung entsprechend dem Einbaumaß unterbrochen und durch Klemmen erneut verbunden werden.

Den Einbau eines Zählgeräts für Stoß- und Blitzströme am Beispiel eines Stahlbetonantennenträgers zeigt Bild 73. Von der am Mastfuß befindlichen Erdungsschraube abgehend wird die Ableitung aufgetrennt und das Zählgerät in die Ableitung eingeschleift.

5.2.12 Planungsbeispiel 12

Die Steuerleitung eines Antennenrotors, die von außen in das Innere des Shacks zum Steuergerät geführt wird, ist gegen Überspannungseinwirkung zu schützen. Dies geschieht am zweckmäßigsten mit Hilfe eines Überspannungsmoduls, das aus einer Begrenzerdiode, einem Vorwiderstand und einem Überspannungsableiter besteht. Für die geläufigsten Rotoren benötigt man ein achtadriges Steuerkabel. Jede Ader des Steuerkabels ist mit einem Überspannungsschutzmodul zu versehen. Die Erdverbindung muß zusätzlich hergestellt werden, wie es Bild 74 veranschaulicht. Es ist zweckmäßig, das Steuergerät im Gewitterfall über eine achtpolige Steckverbindung abtrennen zu können.

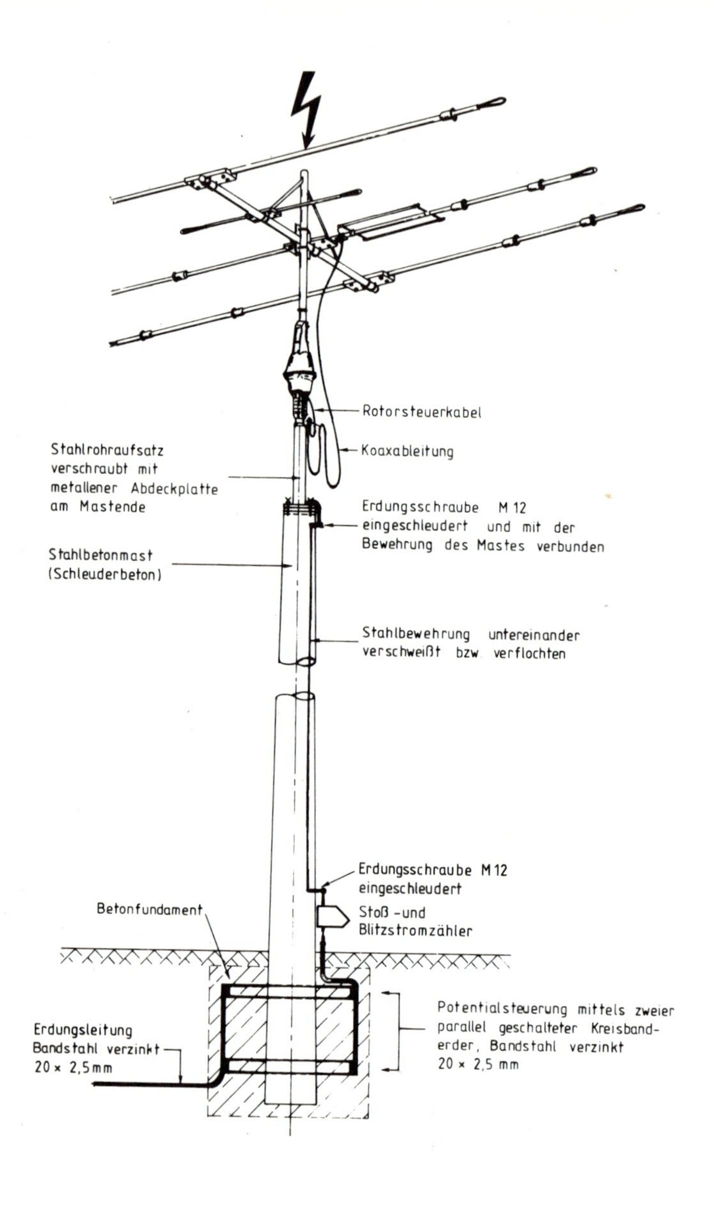

Bild 73: Planungsbeispiel 11 (Einbau eines Blitzstromzählers am Beispiel eines Stahlbetonantennenträgers)

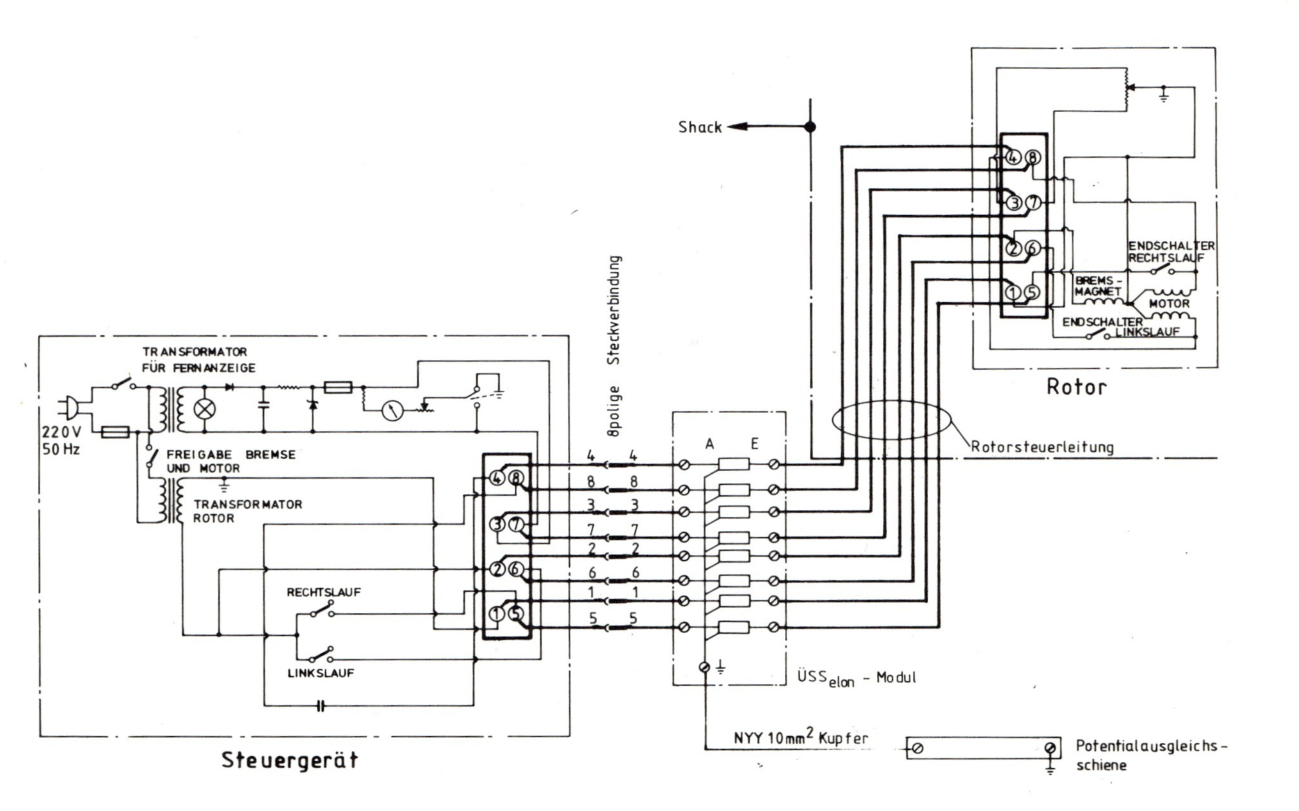

Bild 74: Planungsbeispiel 12 (Schutz der Rotorsteuerleitung gegen Überspannungen)

6 Versicherung von Antennen- und Funkanlagen gegen Blitzeinwirkung

6.1 Vorbemerkungen

Nach den VDE-Bestimmungen 0855 müssen Antennenträger von Außenantennen zum Schutz gegen atmosphärische Entladungen über eine Erdungsleitung an einen wirksamen Erder angeschlossen werden. Die Erfahrung zeigt, daß Blitzschäden durch diese Maßnahme erheblich gemindert werden können, doch kann nach den Gesetzmäßigkeiten der Wahrscheinlichkeit nicht ausgeschlossen werden, daß trotz Vorhandensein einer dem Stand der Technik entsprechenden Blitzschutzanlage, die sowohl den inneren als auch den äußeren Blitzschutz nach den derzeit technisch gegebenen Möglichkeiten berücksichtigt, Schäden durch Blitzschlag eintreten können. Eine Blitzschutzanlage kann den Blitzeinschlag nicht verhindern, sondern lediglich den Blitz veranlassen, in ihrem Wirkungsbereich allein in die Fangeinrichtung einzuschlagen, und ihn gefahrlos zur Erde ableiten.

Zweck des Blitzschutzes ist es, Personen und Sachwerte vor Schäden durch Blitzschlag zu bewahren. Dabei sollen nicht allein unmittelbare Schäden durch den Blitz selbst, sondern auch Folgeschäden (z.B. Überspannungseinwirkung) vermieden werden. Das verbleibende Restrisiko im Falle eines Blitzeinschlags mit Folgewirkungen kann vom Betreiber einer Antennenanlage mit der zugehörigen Funkanlage im Rahmen einer Sachversicherung abgedeckt werden.

6.2 Allgemeine Feuerversicherungs-Bedingungen (AFB)

Der Versicherer gewährt Versicherungsschutz gegen Brand, Blitzschlag, Explosion (§ 1 (1) AFB) und abstürzende bemannte Flugkörper (§ 1 AFB, Anhang). Blitzschlag ist nach Ziffer 3 (1) der Zusatzbedingungen der unmittelbare Übergang eines Blitzes auf Sachen. Nicht gedeckt sind im Rahmen des AFB die als Begleiterscheinungen eines Gewitters bzw. Blitzschlages sowie durch den Betrieb der Anlage entstehenden Kurzschluß-, Überstrom- oder Überspannungsschäden, die an elektrischen

Einrichtungen mit oder ohne Feuererscheinung entstehen (Zusatzbedingungen, Ziffer 3 (2)). Die Schäden müssen auf der unmittelbaren Einwirkung der in § 1 (1) AFB genannten Schadensereignisse beruhen (§ 1 (3)a AFB). Es ist nicht erforderlich, daß die versicherte Sache vom Ereignis selbst ergriffen wird. Es genügt die direkte Einwirkung der elementaren Begleiterscheinungen.

Feuer: Hitze, Rauch, Ruß, Gase.
Blitzschlag: Luftdruck, emporgeschleuderte Trümmer.
Explosion: Gas- und Luftdruck, emporgeschleuderte Trümmer.

Unmittelbare Einwirkung an versicherten Sachen im Sinne von § 1 (3)a AFB sind auch die schädigenden Begleiterscheinungen (Hitze, Rauch, Ruß, Gase) aus einem nicht ersatzpflichtigen Brand (§ 1 (2), Satz 2 AFB).

Aus den voranstehenden Ausführungen ist zu ersehen, daß die klassische Feuerversicherung nicht alle Gefahren und Schäden durch Blitzschlag in eine Antennen- bzw. Funkanlage abdeckt. Der volle Wortlaut der Allgemeinen Feuerversicherungsbedingungen (AFB) wird von den Sachversicherern auf Anfrage zur Verfügung gestellt. Das genaue Studium des „Kleingedruckten“ ist im eigenen Interesse zu empfehlen.

Der Gefahrenkomplex „Blitzschlag“ ist im Rahmen der AFB für Antennen- und Funkanlagen zu eng gefaßt. Durch eine sog. Schwachstromversicherung kann der Gefahrenkomplex weitaus besser erfaßt werden. Vor allem sind durch eine Schwachstromversicherung auch die mittelbaren Blitzschäden berücksichtigt. Das Herauslösen der Versicherungssumme für eine Schwachstromversicherung aus einer bestehenden Feuerversicherung dürfte keine Schwierigkeiten bereiten.

6.3 Schwachstromversicherung

Sachversicherer bieten neben der allgemeinen Feuerversicherung eine Schwachstromversicherung an. Im Rahmen einer Schwachstromversicherung können alle Gefahren und Schäden, die für eine Antennen- oder Funkanlage aus einem Blitzschlag resultieren, abgedeckt werden. Der genaue Umfang des Versicherungsschutzes sowie die Versicherungsbedingungen einer Schwachstromversicherung sind in den „Allgemeinen Versicherungsbedingungen für Fernmelde- und sonstige elektrotechnische Anlagen (AVFE 76)“ niedergelegt.

Die Versicherer haben einen Katalog von Klauseln entwickelt, der auf die besonderen Bedürfnisse der verschiedenen Gefahrenkomplexe abgestimmt ist und Änderungen der AVFE 76 bzw. Zusatzbedingungen und

Konkretisierungen enthält. Diese Klauseln werden auf Antrag des Versicherungsnehmers vom Versicherer beurkundet. Einige dieser Klauseln beinhalten jedoch eine Einschränkung des Versicherungsschutzes, die vom Versicherer bei Übernahme bestimmter Risiken gefordert wird („Klauseln zu den AVFE 76 — Standardklauseln").

In Zusammenhang mit den AVFE 76 und den Klauseln zu den AVFE 76 ist für den Versicherungsnehmer der Auszug aus dem Gesetz über den Versicherungsvertrag vom 30. Mai 1908 (VVG) (vgl. RGBl. I, S. 263) von Bedeutung.

Die Schwachstromversicherung ist eine gleitende Neuwertversicherung. Die Voraussetzungen dafür sind in den Neuwertbedingungen geregelt. Die Jahresprämie für eine stationäre Funkanlage einschließlich der zugehörigen Antennenanlage (Antenne, Mast, Rotor, Steuerkabel, HF-Kabel, Antennenschalter am Mast usw.) beträgt 1,5% des Neuwerts der Anlage.

Alljährlich kann man der Tagespresse in der Gewittersaison Meldungen über schwere Sachschäden durch Blitzschlag entnehmen, die auch an Gebäuden und Anlagen eintreten, die durch angemessene Blitzschutzvorkehrungen geschützt sind. Es ist daher in jedem Falle empfehlenswert, außer der Durchführung des inneren und des äußeren Blitzschutzes das verbleibende Restrisiko durch eine Schwachstromversicherung abzudecken.

Literatur

1. Hösl: Elektro-Installation, Heidelberg (Dr. Hüthig Verlag)
2. VDE-Verlag: VDE-Vorschriften, Berlin
3. Golde, R.H.: Theoretische Betrachtungen über den Schutz von Blitzableitern, ETZ-A, Bd. 82, 1961, S. 273 ff.
4. Lehmann, G.: Schäden an elektrischen Installationsanlagen durch nicht zündende Blitzeinschläge in Gebäude und Antennen, ETZ-B, Bd. 17, 1965, S. 1—4
5. Frühauf, G.: Überspannungen und Überspannungsschutz, Slg. Göschen, Bd. 1132
6. Wiesinger/Hasse: Handbuch für Blitzschutz und Erdung, Berlin (VDE-Verlag)
7. Blitzschutz (Hg. ABB), Berlin (VDE-Verlag)
8. Hörnig/Schneider: Schutz durch VDE 0100, Berlin (VDE-Verlag)
9. Vogt: Potentialausgleich und Fundamenterder VDE 0100/VDE 0190, Berlin (VDE-Verlag)
10. Baatz: Mechanismus des Gewitters und Blitzes — Grundlagen des Blitzschutzes von Bauten, Berlin (VDE-Verlag)
11. Spindler: Antennen, Berlin (VEB Verlag Technik)
12. TÜV-Verlag: Schriftenreihe der TÜV-Akademie „Blitzschutz — wo und wie?“, Köln (TÜV Rheinland Verlag GmbH)
13. DBP: Fernmeldebauordnung der Deutschen Bundespost, Teil 14 (FBO14): „Erdungsanlagen, Schutz durch Stromsicherungen und Überspannungsableiter“, herausgegeben vom Bundesministerium für das Post- und Fernmeldewesen
14. DBP: Fernmeldebauordnung der Deutschen Bundespost, Teil 16 (FBO16): „Schutz gegen Starkstrombeeinflussung, Korrosion, atmosphärische Entladungen und Stromübertritt“, herausgegeben vom Bundesministerium für das Post- und Fernmeldewesen
15. Panzer, P. (DK 3 GK): Erdung von Antennenanlagen, DL-QTC 9, 1971, S. 530 ff
16. Panzer, P. (DK 3 GK): „Gewitter — Schutz der Antennenanlage und der Amateurfunkanlage, CQ-DL 3, 1978, S. 98 ff.
17. Siemens AG: Edelgasgefüllte Überspannungsableiter, Metalloxid-Varistoren Siov, Siemens AG, Bereich Bauelemente, Produkt-Information
18. Druckschriften der Firma Dehn & Söhne, Neumarkt/Opf.
    Nr. 371/80 Potentialausgleich/Fundamenterder
    Nr. 408/80 MSR-Überspannungsschutz, Blitzductor
    Nr. 393/77 Erdungsanlagen

Nr. 400/79 Überspannungsableiter VA 280 und VA 500
Nr. 442/80 Ventilableiter NHVA 280
Nr. 309/78 Trennfunkenstrecken

19. Hauptkataloge:
Blitzschutz, Erdung, Überspannungsschutz
Fa. Dehn & Söhne, Neumarkt/Opf.
Erdungsmaterial — Blitzableiter — Bauteile
Fa. Dehn & Söhne, Neumarkt/Opf.
Erdungsmaterial:
Fa. Hermann Kleinhuis, Lüdenscheid
Garnituren für Überspannungsschutz:
Fa. Quante, Wuppertal

Unser Lieferprogramm